KB164369

열두 달 숲 놀이

열두 달 숲 놀이

자연에서 즐기는 130가지 놀이

윤소영 글과 사진

황소걸음
Slow&Steady

자연을 아는 것은

자연을 느끼는 것의

절반만큼도 중요하지 않다.

레이첼 카슨

여는 글 

잘 노는 아이가 행복한 어른으로 자랍니다

저는 어릴 때 종일 집 밖에서 놀았어요. 동네 언니, 오빠, 또래 친구들과 어울려 노느라 저녁 먹으라고 부르는 엄마 목소리를 여러 번 듣고서야 아쉽게 집으로 돌아가곤 했지요.

어릴 때 즐겁게 놀던 기억이 떠오르면 언제나 행복해져요. 놀이도 생생하게 기억하고요. 그 놀이는 지금 아이들과 해도 재미있어요. 40년도 지난 놀이가 왜 지금도 재미있을까요? 저는 그 답이 자연에 있다고 생각해요. 그래서 아이들과 숲에서 만나고 싶었고, 제가 신나게 한 놀이를 아이들과 숲에서 즐길 수 있어 지금도 행복하답니다.

아이들과 숲 놀이를 하다 보면 놀라운 모습을 발견해요. 외동아이가 자기보다 어린 동생을 돌보기도 하고, 몸이 불편한 친구와 잘 어울려 놀기도 합니다. 자기 것을 나누기도 하고, 작은 생명을 소중히 여기죠. 숲에서 노는 아이들은 그렇게 호모심비우스(공생하는 인간)로

자랍니다. 자연에서 다른 사람, 다른 생명과 더불어 살아가는 법을 자연스럽게 터득하는 것이 숲 놀이의 본질이자 목적이라 생각합니다.

숲 놀이는 나무와 풀을 잘 몰라도 즐겁게 할 수 있습니다. 자연을 느끼는 것이 무엇보다 중요하기 때문이죠. 아이들이 숲에서 자연을 만끽하기를 바라는 부모님과 선생님들에게 도움이 되고자 10여 년 숲 놀이 경험을 정리했습니다. 아이들의 눈높이로 자연을 함께 즐길 수 있기를 바랍니다. 숲 놀이는 아이들에게 착한 요정을 만들어주는 일이라고 생각합니다. 이 책도 숲 놀이를 하는 모든 이들에게 착한 요정이 되면 좋겠습니다.

2023년 봄

꽃마리 윤소영

차례

3장 여름 숲 놀이

4장 가을 숲 놀이

5장 겨울 숲 놀이

{ 1장 }

숲 놀이를 시작하기 전에

1. 숲 놀이는 무엇일까요?

아이들에게는 노는 것이 무엇보다 중요합니다. 얼마나 중요한지, 왜 중요한지 세계적인 교육가들의 말씀을 보는 게 좋겠어요.

"미래의 활동가 교육은 먼저 놀이에서 이뤄진다."

_안톤 마카렌코[1]

"인간은 놀이를 즐기고 있을 때만 완전한 인간이다."

_프리드리히 실러[2]

"놀이란 아이들이 자기의 내적 세계를 스스로 표현하는 것으로, 아동기의 가장 순수한 정신적 산물이며 인간 생활 전체의 모범이다."

_프리드리히 프뢰벨[3]

"놀이는 전체성과 통일성에서 아이의 정신적 태도를 나타낸다."

_존 듀이[4]

그렇다면 숲 놀이는 뭘까요? 말 그대로 숲에서 노는 거예요. 숲은 수풀의 준말로 나무가 우거지거나 들어찬 것을 뜻합니다. 하지만 숲 놀

---

1 소련의 교육가이자 작가.
2 독일의 국민 시인.
3 독일의 교육가, 유아교육의 아버지.
4 미국의 철학가이자 교육가.

이는 우리 주변의 풀 몇 포기와 나무 몇 그루만 있어도 충분히 즐길 수 있어요. 흔한 풀과 나무, 작은 생명체 하나하나에서 숲을 느끼고 알아가는 데서 숲 놀이가 시작하기 때문이에요.

아이들과 놀아주는 일이 어렵고 힘들다는 말을 많이 들어요. 에너지 넘치는 아이들과 노는 일이 쉽진 않아요. 하지만 그보다 놀아준다는 생각이 놀기 어렵게 만든다고 생각해요. 놀아주지 말고 같이 놀아보세요. 집 안에서 씨름하지 말고 밖으로 나가보세요. 집 앞 놀이터도 좋고, 가까운 공원도 좋아요. 캠핑을 가도 좋습니다. 자연에서 자유를 느끼며 자연을 느껴보세요. 그곳에서 컴퓨터나 스마트폰 없이 놀면 아이뿐만 아니라 아이를 돌보는 어른도 충분히 숲 놀이를 즐길 수 있을 거예요.

2. 숲은 무엇으로 이뤄졌을까요?

바깥 놀이가 놀이터에 있는 놀이 기구로 하는 놀이라면, 숲 놀이는 숲에 있는 자연물을 놀잇감으로 하는 놀이예요. 따라서 자연에 대해 좀 아는 게 좋아요. 전문적이진 않지만, 자연을 이해하는 데 도움이 될 만한 내용을 간단히 정리할게요. 이마저 어렵다고 느껴지면 그냥 넘어가고, 2장부터 나오는 계절별 숲 놀이를 읽어도 괜찮아요. 놀다 보면 자연스레 깨닫는 게 많거든요.

숲을 구성하는 자연을 표로 정리하니 숲 놀이할 때 참고하세요.

생물	식물	풀	한해살이풀, 두해살이풀, 여러해살이풀
		나무	큰키나무, 작은키나무, 떨기나무, 덩굴나무
	동물	척추가 있는 동물	젖먹이동물, 물과 뭍에서 사는 동물, 등이 단단한 동물, 하늘을 나는 동물, 지느러미로 헤엄치는 동물
		척추가 없는 동물	몸이 부드러운 동물, 마디다리동물, 고리 모양 동물
	미생물	조류	녹조, 적조
		진균	버섯, 곰팡이
		지의류	이끼
		세균, 바이러스	
무생물	태양		밤과 낮, 기후, 위도, 경도
	토양		바위, 돌멩이, 흙, 광물질(미네랄), 기울기
	물		계곡, 흙 속의 물, 나무 속의 물, 공기 중의 물
	공기		온도, 습도, 바람

3. 숲 놀이는 어디서 할까요?

숲 놀이는 숲의 다양성을 알기보다 숲의 사계절 변화와 생명의 소중함을 느끼는 게 중요합니다. 나무 몇 그루와 풀 몇 포기만 있어도 충분해요. 장소를 이리저리 옮기기보다 같은 장소에서 놀며 적어도 1년 이상 숲을 관찰하는 게 좋아요. 같은 장소에서 사계절을 놀다 보면 '봄에는 노란 개나리가 여기쯤 피었고, 하얀 목련 잎이 여기쯤 흐드러지게 떨어졌지'라고 기억할 수 있어요. 이렇게 장소와 놀이로 자연물을 기억하며 자연의 변화를 느낀답니다.

그래서 숲 놀이는 수종이 다양하고 무성한 숲이 아니라도 가까이 자주 찾을 수 있는 장소가 훨씬 좋아요. 그곳에서 꽃이 피고 잎이 나고 열매가 열리고 나뭇잎이 떨어지는 것을 볼 수 있으니까요.

4. 숲 놀이의 주제는 어떻게 정할까요?

숲 놀이의 주제는 계절과 관계가 깊습니다. 봄에는 잎이 나고 꽃이 피고, 여름에는 열매가 달리기 시작하고, 가을이면 나뭇잎이 물들고 떨어지며, 겨울엔 겨울눈이 커져요. 이런 변화가 시기에 따라 달라지므로 제때 자연물의 변화를 관찰하고 장난감을 찾는 것이 곧 숲 놀이의 주제가 될 수 있어요.

숲 놀이는 자주 하는 게 좋지만, 이 책에선 매월 주제로 기획했어요. 제가 어릴 땐 숲 놀이가 따로 없이 밖에서 뛰어놀다 보니 놀잇감이 자연이었어요. 지금은 다른 놀잇거리가 많아 아이들이 숲에서 어떻게 노는지 모르니까 숲 놀이가 생겼죠.

가장 좋은 숲 놀이는 자연에서 아이들 스스로 뛰노는 것이지만, 지금 아이들에겐 숲이 자연스럽게 놀이하는 공간이 아니기에 선생님이나 부모님이 함께 숲 놀이를 해주는 게 필요해요. 어느 정도 숲 놀이에 익숙해진다면 선생님이나 부모님은 안전하게 놀이할 수 있도록 지켜보세요. 아이들 스스로 노는 게 최고의 숲 놀이입니다.

5. 숲 놀이 활동의 구성

① 산책과 관찰 놀이

숲 놀이 주제를 설명하고, 산책하며 관찰하도록 합니다. 이때 자연물의 이름을 알려주고 설명하기보다 천천히 관찰에 집중하도록 하는 게 중요합니다. 이름을 아는 순간, 그 대상에 관심과 흥미가 떨어지기 쉽습니다.

② 활동 놀이

주제에 맞는 자연물을 가지고 다양한 활동 놀이를 합니다. 월별 활동 놀이를 참고하세요.

③ 자연 미술 놀이

- 자연물을 가지고 여러 가지를 표현하거나 만들어 전시해요.
- 자연 미술 놀이는 혼자 만들기도 하지만, 또래 친구들과 만들어 전시하고 감상하는 게 좋습니다. 만들기보다 감상하는 게 즐겁고 아름다움을 느낄 수 있답니다.

6. 숲 놀이를 하면 무엇이 좋을까요?

① 내 몸을 알아요

비탈길이나 돌이 있는 숲길을 균형 있게 걸으며 자연에서 스스로 안전하게 놀이하는 방법을 배워요.

② 창의성이 높아져요

다양한 자연물로 놀잇감을 만들어 놀면서 창의성이 높아져요.

③ 조화와 아름다움을 알아요

자연의 조화와 아름다움을 체험하며 미적 감각이 생겨요.

④ 생명의 소중함을 깨달아요

아무리 작은 생명이라도 살기 위해 최선을 다하는 모습을 보며 생명의 소중함을 깨달아요.

⑤ 생태적 감수성이 생겨요

숲은 여러 생명이 더불어 살아가는 곳이에요. 서로 다투기도 하지만 모든 생명이 연결됐음을 알 수 있어요.

7. 숲 놀이 준비물

아이들과 숲에 갈 때 안전하고 즐거운 놀이를 위한 준비물이 필요해요.

① 기본 응급 약품

- 생수 : 상처가 났을 때 소독용 알코올이나 과산화수소수 등은 아이들이 따가워해서 이물질을 닦아낼 때 사용합니다.
- 밴드 : 상처용 연고는 바르지 않고 오염 예방으로 상처에 붙여줍니다. 아이들 심리적 안정에 도움이 되고, 아이들은 밴드를 붙여줘야 울음을 그치는 경우가 종종 있답니다.
- 벌레 퇴치용 스프레이 : 봄부터 가을까지 벌레 퇴치용 스프레이와 바르는 연고를 준비하면 좋아요.

② 즐거운 놀이를 위한 준비물

- 면 보자기 : 숲에서 자연물을 관찰하기 쉽게 놓거나 모아놓을 때 사용해요. 교실에서 칠판의 역할을 한다고 생각하면 됩니다.
- 루페 : 10배율로 자연물을 확대해서 관찰할 수 있어요. 신비로운 자연의 세계를 보여줍니다.
- 전지가위 : 나뭇가지나 자연물을 자를 때 필요합니다.
- 관찰 통 : 곤충이나 자연물을 잠시 보관해서 보여줄 때 좋아요. 뚜껑이 있고 투명한 플라스틱 통이면 됩니다.

8. 숲 놀이에서 주의할 점

① 숲에 예의를 갖춰요.

② 숲에 사는 동물에게 함부로 먹이를 주지 않아요. 자연에서 스스로 살아가도록 하는 게 좋아요.

③ 현장에 있는 대상만 관찰해요. 특정 종이 발견되지 않거나 관찰 대상 개체 수가 적다고 조바심 내지 말고요.

④ 관찰 대상물을 죽이거나 함부로 다루지 않아요.

⑤ 관찰 대상물은 되도록 집으로 가져가지 않아요.

⑥ 곤충이나 물고기를 손으로 자주 만지면 상처가 날 수 있어요.

⑦ 유해 동식물이라고 업신여기거나 함부로 없애지 않아요.

⑧ 선생님이나 부모님은 동식물에 '흉측하다' '징그럽다' '더럽다' 같은 혐오 언어를 쓰지 말아야 해요.

⑨ 동물은 관찰하고 나서 채집한 곳에 놓아줘요.

{ 2장 }

봄 숲놀이

3월
주제

방석 식물(로제트 식물)

풀은 보통 봄에 싹이 나는데, 가을에 싹이 나는 풀이 있어요. 바로 냉이, 민들레, 애기똥풀 등이에요. 이런 풀은 뿌리잎이 바닥에 착 붙어 있는데, 그 모습이 방석을 닮았다고 방석 식물, 장미꽃을 닮았다고 로제트 식물이라고도 해요. 방석 식물은 뿌리잎을 바닥에 착 붙여 겨울바람을 피하고, 사방으로 빈틈없이 잎을 내서 햇빛을 받기 때문에 추운 겨울을 무사히 날 수 있어요.

그럼 방석 식물은 왜 가을에 싹을 내고 추운 겨울을 날까요? 이른 봄 다른 식물보다 빨리 꽃을 피우고 열매를 만들기 위해서예요. 풀이 다른 식물과 경쟁을 피하려고 이런 전략을 쓰는 게 신기하죠? 추운 겨울을 이겨낸 방석 식물을 만나면 참으로 대견하다는 생각이 들어요. 아이들과 방석 식물을 찾아보는 게 3월의 숲 놀이입니다.

자, 그럼 3월의 숲 놀이를 해볼까요? 숲에 나가 풀을 찾아보며 아이들과 알아야 할 것 중의 하나가 풀과 나무 구분하기예요. 풀은 단단하지 않고 나무는 단단해요. 풀은 작고 가는데, 나무는 크고 굵어요. 이제 숲에

가서 풀과 나무를 쓰다듬으며 풀인지 나무인지 맞히는 놀이를 해볼까요? 숲 관찰을 쉽게 시작해보세요. 아이들이 참 즐거워하는 활동이 될 거예요.

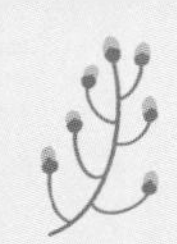

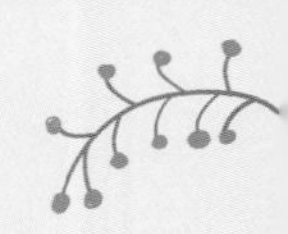

방석 식물에 목걸이 걸어주기

종 류 : 관찰 놀이
개 요 : 숲 놀이 공간에서 방석 식물을 찾아본다.
대 상 : 4~7세
준비물 : 도화지로 만든 목걸이

도입

"이른 봄에 잎을 내고 자라기 시작하는 방석 식물을 찾아보면 낙엽 사이에 잎이 난 방석 식물은 대부분 초록빛보다 붉은빛을 띱니다. 햇빛이 점점 따뜻해지면 비로소 초록빛을 띠며 자라죠. 이렇게 초록 잎을 보이며 자라는 풀을 찾으면 장하다고 칭찬해주며 목걸이를 선물해봐요."

방법

1 선생님이 준비한 종이 목걸이를 한 개씩 나눠준다.
2 각자 방석 식물을 찾아 목걸이를 걸어준다.
3 인원수만큼 방석 식물을 찾고 목걸이를 주변의 자연물로 꾸민다.
4 각자 목걸이를 걸어준 방석 식물을 관찰하고 친구들과 비교한다.
5 A 친구가 찾은 풀이랑 같은 종류의 풀을 찾은 친구는 누구일까?
6 친구들이 찾은 풀을 비교하며 같은 종류인지 알아본다(선생님은 풀 이름을 알려주기보다 모양을 비교하며 관찰하도록 유도한다).

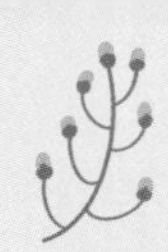

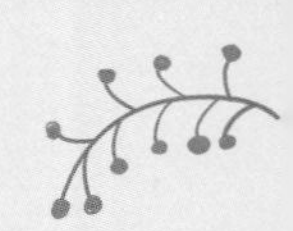

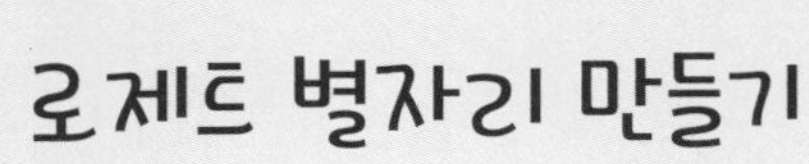

로제트 별자리 만들기

종　류 : 관찰 놀이
개　요 : 방석 식물을 비교한다.
대　상 : 4~7세
준비물 : 도화지 목걸이, 나뭇가지

방법

1 '방석 식물에 목걸이 걸어주기'에서 같은 종류 풀들끼리 나뭇가지로 이어준다.

2 이렇게 하면 별자리처럼 연결된다.

3 연결된 방석 식물이 몇 가지인지, 어떤 풀이 가장 길게 연결됐는지 알아본다(수업한 장소에 어떤 풀이 가장 많은지도 알 수 있다).

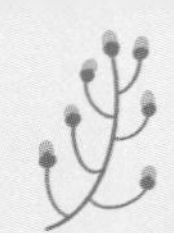

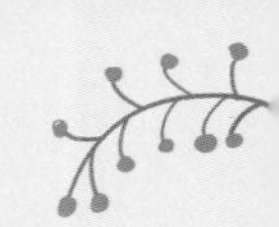

방석 식물 방방이 태우기

종　류 : 관찰 놀이, 활동 놀이

개　요 : 방석 식물의 뿌리를 관찰하고, 풀포기로 협동 놀이를 한다.

대　상 : 4~7세

준비물 : 뿌리까지 채취한 풀 1포기, 두꺼운 종이, 면 보자기

도입

"겨우내 웅크리고 있던 풀이 우리 친구들과 놀고 싶다고 해서 선생님이 데려왔어요. 보자기 위에 놓으면 높이높이 올려주세요."

방법

1 채취한 방석 식물을 두꺼운 종이에 올리고 띄우며 숫자를 세어본다.

2 모둠별로 보자기에 방석 식물을 올리고 다 같이 보자기를 잡고 띄우며 숫자를 세어본다(6~7세). 이때 4~5세 아이들은 방석 식물이 떨어지면 아프겠다고 호호 불어주기도 한다. 어린아이들과 수업하다 보면 순수한 마음에 따뜻해질 때가 많다.

   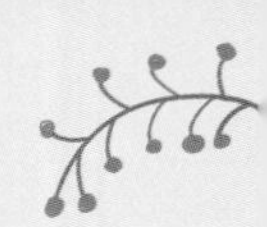

봄 대문을 열어라

종　류 : 활동 놀이

개　요 : 겨울과 봄의 계절 변화에 방석 식물이 어떻게 대응하는지 알아본다.

대　상 : 4~7세

준비물 : 없음

도입

"겨울바람이 불어 추울 때, 방석 식물이 어떻게 할까요? 아주 작게 웅크리고 있어요. 따뜻한 봄바람이 불면 일어서서 쑥쑥 자라날 거예요."

방법

1 술래 두 명이 무릎을 꿇고 손을 잡아 겨울 대문을 낮게 만든다.

2 노래를 부르며 자세를 낮추거나 기어서 술래 손 사이를 지나간다. 이때 동요 '동대문을 열어라' 음에 맞춰서 부른다(예 : 봄 봄 대문을 열어라. 봄 봄 대문을 열어라. 우리 모두 다 함께 봄으로 풍덩).

3 한 명이 잡힐 때마다 두 명씩 손을 연결해서 봄 대문은 높게, 겨울 대문은 낮게 만들며 봄과 겨울에 방석 식물이 어떻게 대응하는지 알아본다.

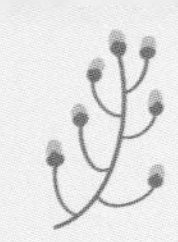

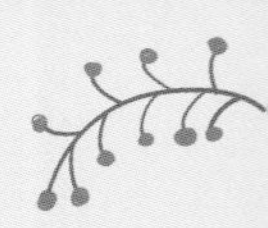
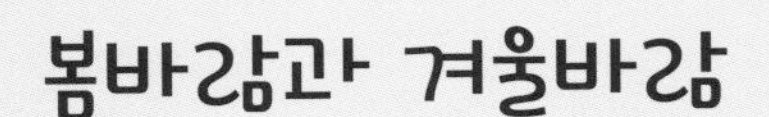

봄바람과 겨울바람

종　류 : 활동 놀이
개　요 : 겨울과 봄의 계절 변화에 방석 식물이 어떻게 대응하는지 알아본다.
대　상 : 4~7세
준비물 : 노란 보자기, 파란 보자기

도입

"지금부터 우리 친구들은 봄의 풀이 될 거예요. 겨울바람이 불어오면 어떻게 해야 할까요? 얼지 않도록 웅크리고 앉아야겠죠? 봄바람이 불면 일어나서 쑥쑥 자랄 거예요. 발이 뿌리라고 생각하고 땅에 단단히 붙이고 서볼게요."

방법

1. 아이들은 방석 식물이 되어 동그랗게 선다.
2. 파란 보자기와 노란 보자기를 보여주며 겨울바람과 봄바람이라고 설명한다.
3. 선생님이 파란 보자기와 노란 보자기를 번갈아 아이들 머리 위로 바람처럼 스쳐 지나간다. 이때 아이들은 겨울바람을 피하려고 몸을 낮춘다. 겨울바람에 닿은 아이들은 움직이지 못하다가, 봄바람이 지나가면 다시 움직일 수 있다.

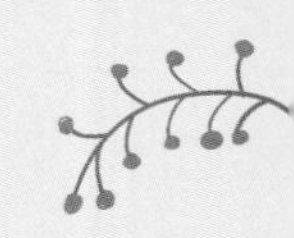

겨울바람-얼음 봄바람-땡 놀이

종　류 : 활동 놀이
개　요 : 방석 식물이 자라는 환경을 이해한다.
대　상 : 4~7세
준비물 : 파란 보자기, 노란 보자기

방법

1 술래 두 명을 정해서 파란 보자기를 둘러주고 겨울바람, 노란 보자기를 둘러주고 봄바람이라고 한다.

2 겨울바람이 손을 대고 "얼음"이라고 하면 움직이지 못한다.

3 얼음이 된 친구는 봄바람이 손을 대고 "땡"이라고 하면 다시 움직일 수 있다.

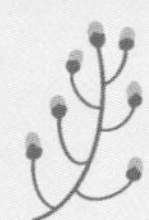

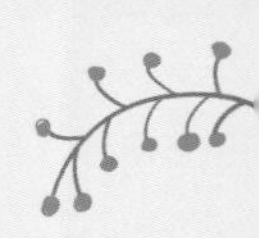
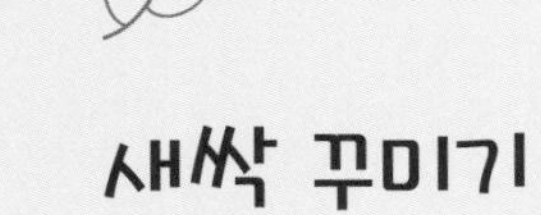
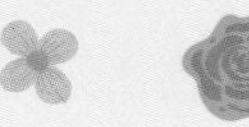

새싹 꾸미기

종　류 : 미술 놀이
개　요 : 새싹이 돋아 자라는 것을 상상하고 꾸며본다.
대　상 : 4~7세
준비물 : 나뭇가지, 새싹 모양 종이, 꽃 테이프

도입

"봄풀들이 친구들을 기다린대요. 우리가 새싹을 만들어 봄풀의 친구를 만들어줘요."

방법

1 새싹 모양으로 접어 오린 종이를 인원수만큼 준비한다.

2 각자 나뭇가지를 하나씩 주워 새싹 모양 종이를 꽃 테이프로 감는다. 이렇게 만든 새싹을 주변의 땅에 심는다(이때 삽 없이 어떻게 심을 수 있는지 생각해본다. 나뭇가지로 땅을 파거나, 돌멩이를 모아 세우거나, 돌멩이를 망치 삼아 박을 수 있다. 아이 스스로 다양한 방법을 생각하고 활동하도록 기다려준다).

3 방석 식물이 싹이 나서 자란 모습을 관찰하고, 심은 새싹과 어울림을 감상한다. 관찰과 감상도 숲 놀이다.

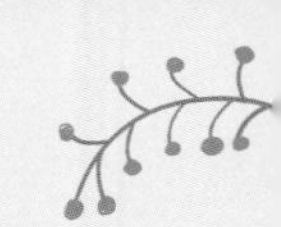

방석 식물에 햇볕 주기

종　류 : 활동 놀이
개　요 : 방석 식물과 햇볕의 관계를 이해한다.
대　상 : 4~7세
준비물 : 방석 식물 그림, 면 보자기, 솔방울

도입

"봄풀이 자라려면 햇볕이 필요해요. 햇볕을 많이 받으려면 잎이 납작하고 넓어야겠지요? 작은 풀과 커다란 봄풀에게 햇볕을 나눠줘요."

방법

1 면 보자기를 1/4로 접어 작은 방석 식물을 그리고, 뒷면에 커다란 방석 식물을 그려서 준비한다.

2 작은 방석 식물 보자기를 놓고 솔방울 햇볕을 던져본다.

3 커다란 방석 식물 보자기를 펼치고 솔방울 햇볕을 던져본다(방석 식물이 땅에 잎을 넓게 펼치고 있음을 놀이를 통해 이해한다).

4월
주제

꽃

4월이면 꽃이 피기 시작해요. 숲 놀이를 하는 곳에 핀 꽃을 먼저 관찰하되, 나무에 피는 꽃과 풀꽃으로 구분하면서 찾아보고 색깔별로도 찾아보면 좋아요. 그런데 꽃은 왜 필까요? 꽃이 피는 이유를 결혼에 비유하면 아이들이 이해하기 쉬워요. "풀과 나무도 엄마 아빠처럼 결혼해요. 결혼할 때 예쁘고 멋진 옷을 입죠? 풀과 나무도 결혼하기 전에 꽃으로 된 예쁜 옷을 입고 준비한답니다."

식물이 결혼하기 위해 꽃 드레스를 입었다면, 남자 꽃과 여자 꽃은 뭘까요? 7세 이상 아이에게는 남녀를 동물은 암컷과 수컷, 식물은 암술과 수술처럼 용어가 다르다는 것을 알려주세요. 더 어린아이에게는 남자 꽃, 여자 꽃이라고 알려줘도 괜찮아요.

꽃을 들여다보면 가운데 길쭉하게 올라와 둥근 머리가 보이는 게 주로 암술이고, 여러 개이며 머리가 도드라지지 않고 가루가 있는 게 수술이에요. 꽃마다 암술과 수술의 숫자나 모양은 조금씩 다르지만, 쉽게 알려주면 됩니다. 이렇게 주변의 꽃에서 암술과 수술을 찾아보고, 벌과 나비가 꽃에 앉아서 뭘 하는지 살펴보게 하세요. 그러고 나서 다음과 같이 설명해주세요. "식물은 스스로 결혼할 수 없어서 도움이 필요해요. 누가 도와줄까요? 꽃이 결혼하게 도와달라고 예쁜 색과 향기로 부르면 벌과 나비가 찾아와요. 꽃이 꿀을 주고, 벌과 나비가 꽃가루를 암술머리에 날라주면 꽃이 결혼하는 거예요. 꽃과 벌과 나비는 서로서로 도우며 살고 있네요."

숲에 벌이 있으면 자연스럽게 '얼음 땡 놀이'를 할 수 있어요. 벌이 나타나면 "얼음", 벌이 눈앞에서 멀리 날아가면 "땡"이라고 하는 거죠. 벌과 나비가 꽃에 날아다니는 것을 가만히 관찰해도 재미있는 숲 놀이가 됩니다. 숲 놀이는 천천히, 자세히 보는 시간이 가장 중요해요. 그렇게 자연을 관찰하다 보면 자연의 경이로움을 저절로 깨닫죠. 숲 놀이에서 선생님이나 부모님이 가장 어려워하는 식물 이름은 천천히 숲을 공부하면 자연스럽게 알 수 있어요. 관심을 가지면 알고 싶어지고 공부하게 됩니다.

꽃을 따는 아이들이 있으면 "예쁘게 핀 꽃은 식물이 결혼하기 위해 준비하는 것이고, 꽃이 떨어지거나 시든 것은 결혼이 끝났다는 표시예요"라고 말해주세요. 그러면 꽃을 따는 아이들이 거의 없어요. 심지어 꽃을 따는 친구를 보면 큰일이 난 듯 그 꽃은 결혼 못 하겠다며 소동이 일어나기도 합니다.

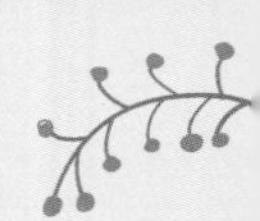
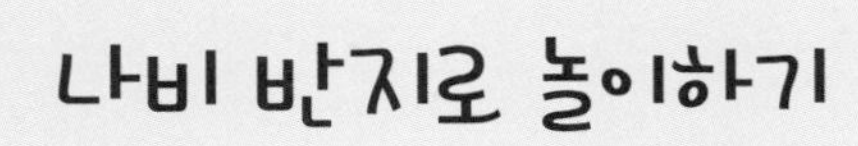

나비 반지로 놀이하기

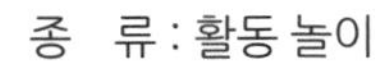
종 류 : 활동 놀이
개 요 : 꽃과 나비의 관계를 이해한다.
대 상 : 4~7세
준비물 : 종이 나비

도입

"저기 나비들이 꽃들의 결혼을 도와주려고 바쁘게 날아다녀요. 우리가 나비를 도와서 꽃들을 결혼하게 해줄까요?"

방법

1 나비가 꽃으로 날아다니는 것을 관찰한다.

2 손가락에 종이 나비를 끼운다. 주변 꽃의 수술에 손가락을 얹어 나비가 꽃에 앉은 것처럼 해보며 꽃가루가 손가락 끝에 묻는 것을 관찰한다.

3 다른 꽃을 찾아서 종이 나비를 끼운 손가락으로 암술을 찾아 앉은 것처럼 꽃가루를 톡톡 묻혀준다.

4 나비가 꽃가루를 옮기는 것처럼 흉내 내면서 꽃가루받이하는 것을 알 수 있다.

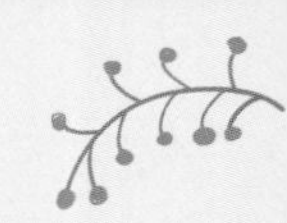

벌과 나비 되어보기

종　류 : 활동 놀이

개　요 : 벌과 나비가 어떻게 꽃의 수정을 도와주는지 알아본다.

대　상 : 4~7세

준비물 : 3m 놀이 밧줄 2개, 솔방울

방법

1 놀이 밧줄로 동그라미 두 개를 그려서 꽃 두 송이를 만든다. 꽃 모양으로 오린 종이로 대신해도 좋다.

2 꽃 하나씩 정해서 두 모둠으로 나눈다.

3 모둠의 어린아이들은 벌과 나비가 된다. 동그라미 안의 솔방울을 꽃가루라 생각하고, 벌과 나비 흉내를 내면서 상대 모둠 꽃에서 꽃가루를 두 개씩 들고 자기 모둠 꽃으로 옮긴다.

4 어느 정도 시간을 준 뒤 제자리로 돌아가서 꽃가루를 옮겨줬으니 이제 열매가 생길 거라고 이야기한다(꽃가루받이를 결혼에 비유했으니, 아기가 생기듯이 열매가 생기고 어떻게 자라나는지 다음 숲 놀이 때 관찰하자고 호기심을 유발한다. 숲 놀이는 계절에 맞춰 연계하며 다음 숲 놀이를 기대하게 한다).

꽃의 구조 알아보기

종　류 : 미술 놀이
개　요 : 꽃의 구조를 알아본다.
대　상 : 4~8세
준비물 : 목련 꽃잎, 나뭇잎, 나뭇가지, 솔잎

도입

"우리 몸에 팔다리가 있죠? 꽃은 몸에 어떤 부분이 있는지 알아볼게요."

방법

1 꽃을 관찰하며 구성을 알아본다(꽃잎, 꽃받침, 꽃술이 있는 꽃으로 관찰한다).

2 주변의 자연물을 활용해서 꽃을 만든다.

3 목련 꽃잎 다섯 장으로 꽃잎을 꾸민다.

4 꽃받침은 단풍잎이나 동그란 나뭇잎을 찾아서 놓는다.

5 수술은 다섯 개로 정하고, 솔잎으로 표현한다.

6 암술은 한 개만 놓는다. 이때 암술은 수술보다 길고 굵은 나뭇가지로 표현한다.

7 선생님이 꽃을 구성해서 보여주고, 아이들도 각자 자연물을 찾아 꽃을 구성해보게 한다.

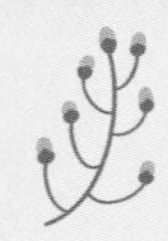

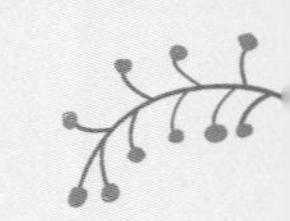

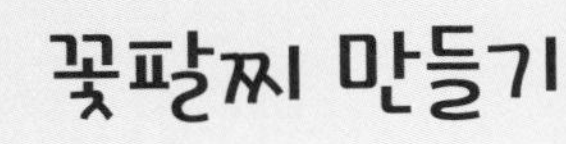

꽃팔찌 만들기

종　류 : 활동 놀이

개　요 : 다양한 꽃으로 팔찌를 만들어본다.

대　상 : 4~8세

준비물 : 종이테이프

방법

1 종이테이프를 접착 면이 밖으로 나오게 아이 손목에 둘러준다.

2 주변에 떨어진 꽃을 손목에 붙여서 꾸미라고 한다.

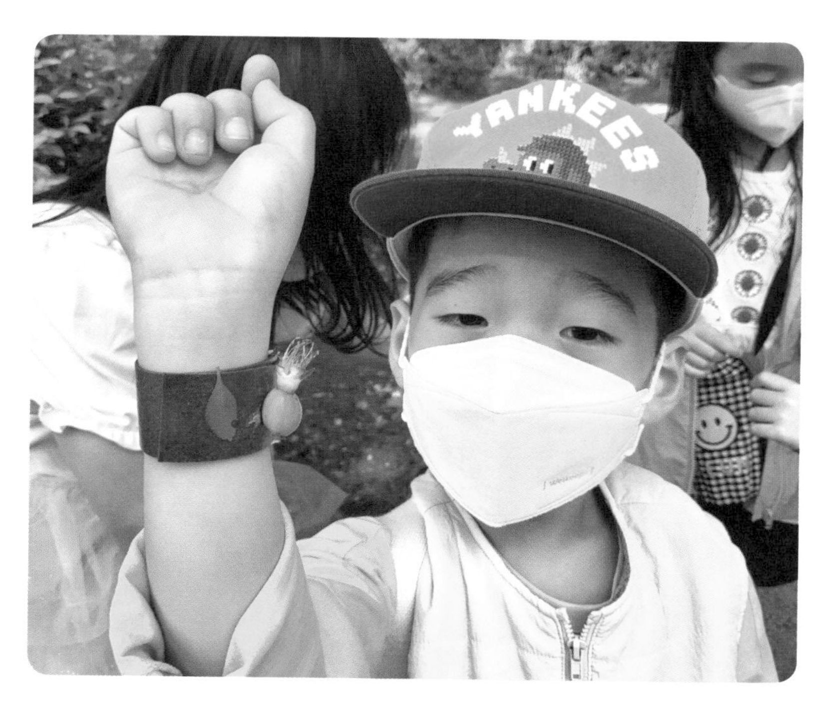
YANKEES

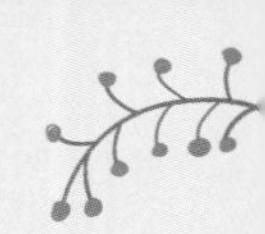

꽃으로 옷 꾸미기

종 류 : 미술 놀이

개 요 : 다양한 꽃으로 옷을 꾸며본다.

대 상 : 4~8세

준비물 : 옷 모양으로 오린 카드 종이, 풀, 줄, 나무집게

도입

"선생님이 옷 그림을 가져왔어요. 예쁜 꽃무늬 옷으로 꾸며보세요."

방법

1 옷 모양으로 오린 카드 종이를 주변의 꽃에 걸어 달라진 무늬를 감상한다.

2 옷 모양으로 오린 부분의 다른 쪽에 풀칠하고 떨어진 꽃잎을 붙여 꾸민다.

3 카드처럼 접어서 꽃무늬가 보이도록 한다.

4 나무와 나무 사이에 줄을 묶고, 꽃무늬로 꾸민 카드를 나무집게로 걸어서 감상한다.

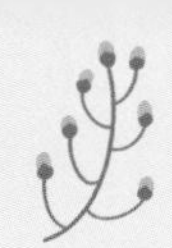

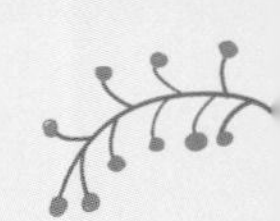

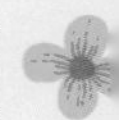

꽃 슬라이드 만들기

종　류 : 미술 놀이

개　요 : 다양한 꽃으로 슬라이드를 꾸며본다.

대　상 : 4~8세

준비물 : 손 코팅지(A4 크기 4등분), 다양한 꽃잎

도입

"작은 풀꽃을 모아서 예쁘게 슬라이드를 만들어보세요."

방법

1 손 코팅지 접착 면에 붙은 비닐을 한쪽 끝에 조금 남기고 떼서 뒤로 접는다.

2 접착 면에 꽃잎을 4~5장 붙이고 비닐을 다시 덮는다.

3 이렇게 만든 슬라이드를 아래로 내려서 보고 햇빛을 향해 보면서 꽃잎으로 빛이 투과될 때와 그렇지 않은 때를 비교한다.

4 햇빛이 꽃을 더 예쁘게 하는 것을 느껴본다(식물이 건강하게 자라는 데 필요한 것이 또 무엇이 있는지 같이 생각해본다).

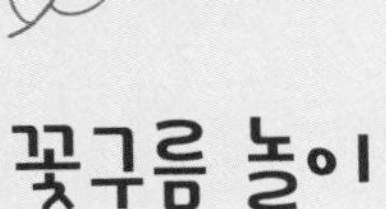

꽃구름 놀이

종　류 : 미술 놀이
개　요 : 다양한 꽃으로 꾸며본다.
대　상 : 4~8세
준비물 : 손 코팅지(A4 크기 4등분), 다양한 꽃잎, 한지(전지 크기)

도입

"꽃구름이 지나가는 하늘을 꾸며볼 거예요."

방법

1 손 코팅지 접착 면을 떼어서 각자 꽃잎을 4~5장 붙인다.

2 꽃잎을 붙인 손 코팅지를 준비한 한지에 붙인다.

3 볕 좋은 숲에 돗자리를 펴고 아이들에게 하늘을 보고 한 줄로 누우라고 한다.

4 꽃잎으로 장식한 손 코팅지를 붙인 한지를 선생님 두 명이 아이들 머리 위에서 그늘막처럼 펼쳐준다.

5 아이들은 누워서 꽃잎이 붙은 한지를 보며 감상한다. 이때 한지를 바람에 움직이는 꽃구름처럼 살랑살랑 흔들어주면 더 좋다.

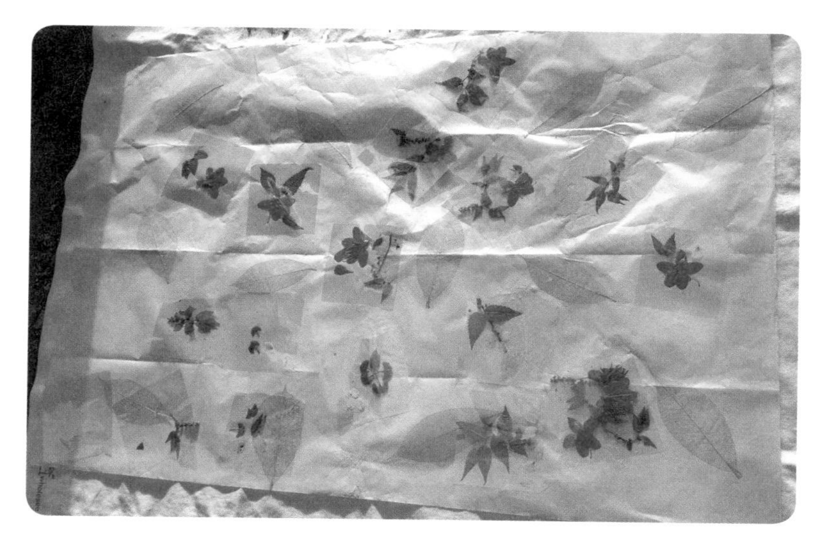

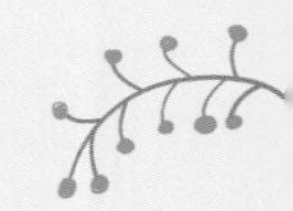

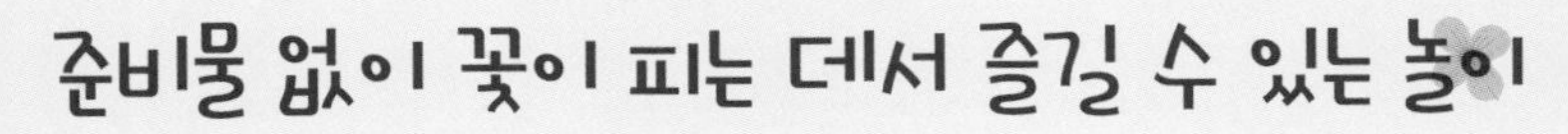

목련 꽃잎에 그림 그리기

목련 꽃잎에 손톱이나 나뭇가지로 긁어서 그림을 그려본다.

목련 꽃잎 풍선 불기

목련 꽃잎 끝부분을 잘라내고 살짝 만져서 꽃잎 사이를 부드럽게 한 뒤 입으로 분다. 꽃잎 사이에 바람이 들어가면서 부풀어 오른다.

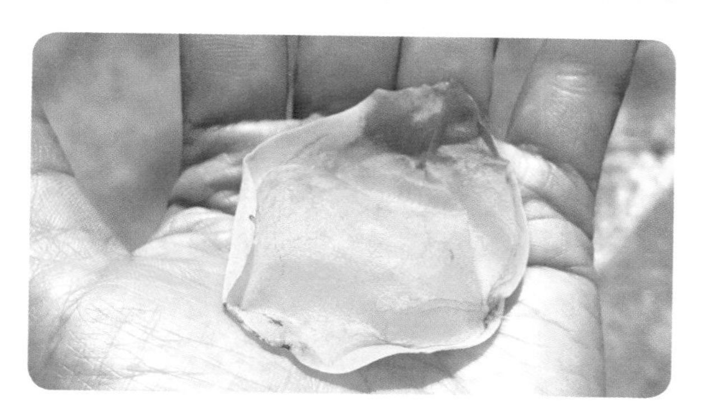

꽃잎으로 밥상 차리기

이팝나무나 조팝나무 꽃잎은 쌀알 같다. 작은 소꿉 그릇에 다양한 꽃잎을 담으면 한 상 차림이 된다.

개나리꽃 날리기

떨어진 개나리 꽃잎은 자세히 보면 바람개비 같다. 공중에 날리면 빙글빙글 돌면서 떨어진다.

개나리꽃으로 목걸이 만들기

개나리 줄기를 2cm 크기로 잘라서 가는 줄에 줄기와 꽃잎을 번갈아 꿰면 예쁜 목걸이가 된다.

철쭉꽃으로 인형 치마 만들기

철쭉꽃이나 나팔꽃, 능소화 같은 통꽃에 나뭇가지를 꿰고 동그란 종이로 얼굴을 만들어 붙이면 예쁜 인형이 된다.

민들레 씨앗 튕기기

코로나19 때문에 마스크를 쓰고 다닐 때, 그 흔한 민들레 씨앗을 불기 어려워 아이들과 손가락으로 튕겨봤다. 입으로 불어서 멀리 보내도 재미있지만, 손가락으로 튕기기도 즐겁다.

쇠뜨기 맞추기

쇠뜨기 마디를 떼어 다시 맞춰보라고 했다. 아이들이 '레고 풀'이라며 좋아한다.

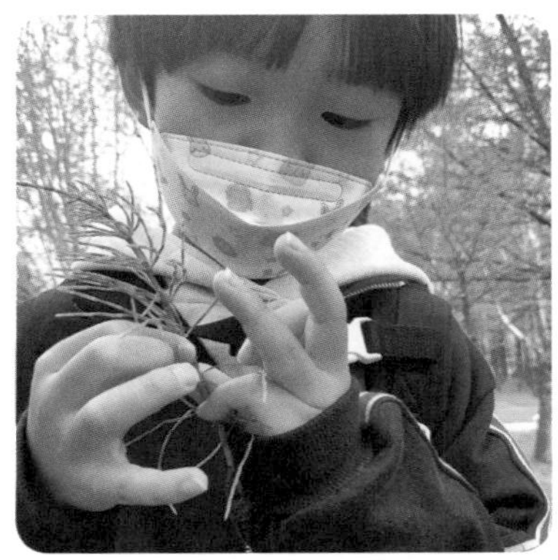

환삼덩굴이나 갈퀴덩굴 잎으로 놀기

환삼덩굴이나 갈퀴덩굴은 잎 뒷면이 까칠해서 옷에 잘 붙는다. 아이들과 산책하는 길에 발견하면 옷에 붙여보자. 아이들이 '스티커 풀'이라며 좋아한다.

고로쇠나무 열매로 놀기

단풍나무과 열매는 날개를 달고 여름에 초록빛으로 열리기 시작한다. 비 온 다음 날 바닥에 떨어진 새싹 모양 고로쇠나무 열매로 나무를 꾸몄다. 한 아이가 머리에 올리고 "제 머리에 싹이 나고 있어요"라며 웃었다. 어찌나 귀여운지….

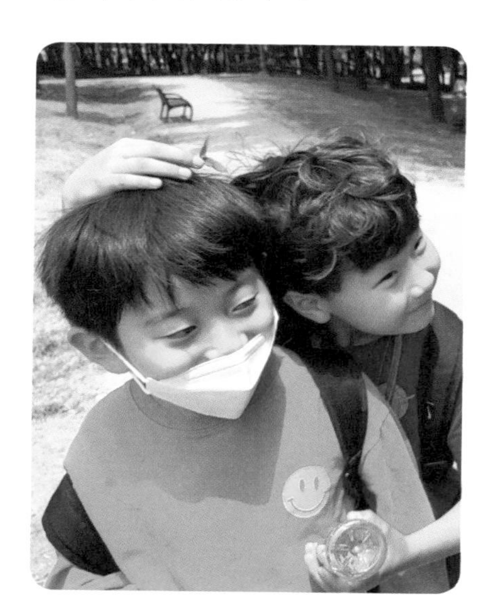

5월
주제

애벌레

찔레꽃이 필 무렵이면 애벌레가 많아지고, 이팝나무 꽃이 한창이면 모내기 철이고, 아래서부터 피는 접시꽃이 꼭대기까지 다 필 무렵 장마가 온다고 합니다. 이런 자연의 변화를 알아두면 숲 놀이에 도움이 됩니다.

애벌레는 아이들이 좋아하지만, 선생님이나 부모님은 반갑지 않은 주제일 수도 있어요. 두려움이나 혐오 표현을 하면 아이들에게 선입관이 생기기 쉬우니, 덤덤히 애벌레를 관찰할 수 있도록 해주세요.

애벌레는 맨손으로 만지지 않도록 주의해야 해요. 사람과 체온이 달라 애벌레가 다치거나 죽을 수도 있거든요. 털 있는 애벌레는 쏘기도 하고요. 뚜껑이 있는 관찰 통을 준비하거나, 일회용 컵 뚜껑으로 애벌레를 컵에 담아 관찰하면 좋아요.

관찰한 뒤에는 꼭 제자리에 놓아줘야 해요. 아이들이 애벌레를 집으로 가져가고 싶다고 할 때, 이렇게 얘기했죠. "우리 친구가 참 예뻐서 선생님이 같이 살고 싶어요. 오늘부터 선생님 집에서 살아요. 선생님이 맛있는 것도, 장난감도 많이 사줄게요." 우리 집에서 살자는 아이는 한 명도

없었어요.

동물은 보통 아기와 어미가 같은 모양인데, 애벌레는 어른이 되면 모양이 달라져요. 우리가 흔히 아는 애벌레는 꿈틀거리며 기어 다니지만, 그렇지 않은 애벌레도 있어요. 다양한 애벌레를 찾아보세요. 애벌레는 작고 약해 눈에 띄지 않게 숨어 있으니, 나뭇잎이나 풀잎을 살피며 찾아봐도 재미있어요.

숲 놀이를 시작하는 선생님이나 부모님은 애벌레를 찾기 쉽지 않아요. 그런데 숲을 자주 다니다 보면 쉽게 찾을 수 있어요. 숲 놀이의 효과죠. 경험상 숲 놀이를 한 달에 한 번이라도 1년쯤 다닌 친구들은 숲을 관찰하는 방법을 알게 됩니다.

숲에서 애벌레를 찾으면 모양을 관찰하고, 크면 어떤 곤충이 될지 상상해보세요. 5월에는 나비나 나방 애벌레가 많고, 노린재나 무당벌레 애벌레도 흔합니다. 애벌레와 어른벌레 모습이 완전히 다르게 탈바꿈하는 곤충이 있는가 하면, 애벌레와 어른벌레가 크기만 다를 뿐 비슷한 모습으로 탈바꿈하는 곤충도 있어요. 자세한 설명은 하지 않아도 돼요.

혹시 애벌레를 찾지 못해도 조바심 내지 마세요. 벌레 먹은 잎을 보고 "어떤 애벌레가 먹었을까요? 이 나뭇잎은 어떤 맛일까요?" 하며 재미난 상상 놀이도 할 수 있답니다.

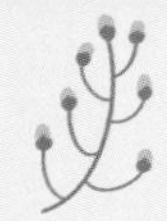

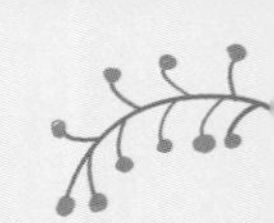

애벌레 숨바꼭질

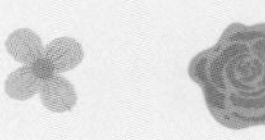

종　류 : 활동 놀이

개　요 : 애벌레의 보호색에 대해 알아본다.

대　상 : 4~8세

준비물 : 5cm로 자른 초록·갈색·노랑·빨강·파랑 모루 철사 10개씩, 면 보자기

도입

"애벌레가 꼭꼭 숨어서 못 찾았네요. (모루 철사 애벌레를 보여주며) 대신 선생님이 애벌레를 가져왔어요. 여러 가지 색 애벌레와 숨바꼭질해 볼게요. 선생님이 숨길 테니 우리 친구들이 찾아보세요."

방법

1. 애벌레를 찾지 못했거나 애벌레와 놀고 싶은 아이들에게 선생님이 준비한 모루 철사 애벌레를 보여준다.
2. 아이들이 술래가 되어 숫자를 세는 동안 선생님이 애벌레를 숲 여기저기 숨긴다.
3. 찾아온 애벌레를 면 보자기 위에 색깔별로 분류한다.
4. 같은 색 애벌레를 열 마리씩 숨겼으니, 어떤 색 애벌레를 못 찾았는지 살펴본다.
5. 애벌레 색이 왜 각각 다르며, 왜 이렇게 숨는지 생각해본다.
6. 이번에는 선생님이 술래가 되고, 아이들이 애벌레 한 마리씩 숨긴다.

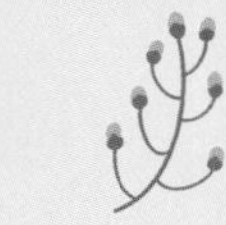
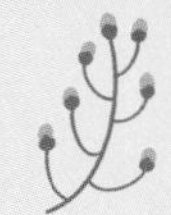

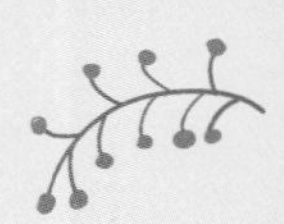

애벌레 성장 과정 알아보기

종　류 : 활동 놀이

개　요 : 애벌레의 성장 과정을 이해한다.

대　상 : 4~7세

준비물 : 모루 철사(길이 7cm 인원수대로)

방법

1 알 : 모루 철사를 알 모양으로 구부려서 숲의 나뭇잎에 올려놓는다.

2 애벌레 : 모루 철사를 애벌레 모양으로 펼쳐서 애벌레처럼 꿈틀꿈틀 움직이고, 나뭇잎을 갉아 먹는 것처럼 흉내도 내본다.

3 번데기 : 모루 철사 애벌레를 감싸 쥐고 번데기가 매달릴 수 있는 줄기, 잎 뒷면 등에 손으로 만든 번데기를 붙여놓고 숫자를 센다(번데기에서 어른벌레가 되어 나오기를 기다리는 날짜를 헤아려본다. 보통 14~20일).

4 나비 : 모루 철사를 엄지손가락 사이에 끼우고 나비처럼 손가락을 움직여 꽃을 찾아 날아가는 흉내를 내본다.

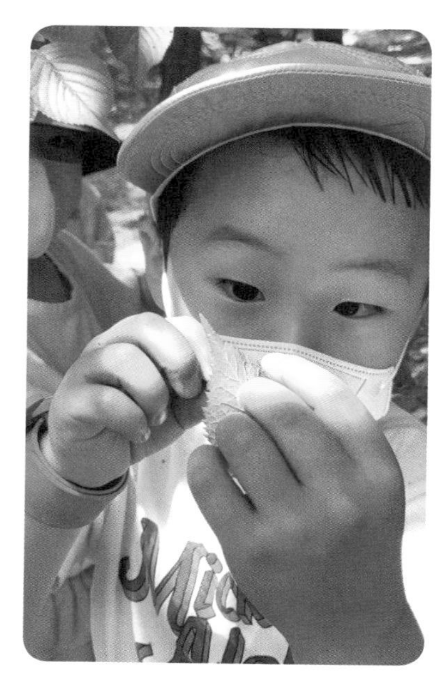

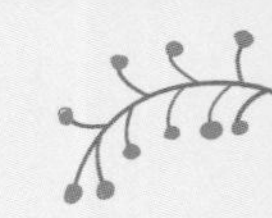

종이 애벌레로 나비 한살이 알아보기

종 류 : 활동 놀이
개 요 : 애벌레의 성장 과정을 이해한다.
대 상 : 4~7세
준비물 : 애벌레 그림, 풀잎이나 꽃잎

방법

1 애벌레 모양으로 오린 종이에 풀잎을 꼬집어 잡고 칠한다.

2 풀잎이나 꽃잎 등으로 흰 종이에 칠해도 자연물감 놀이가 된다.

3 자연물감 칠을 한 종이 애벌레로 알에서 애벌레가 되어 나뭇잎을 먹는 과정을 표현한다(애벌레 모양으로 오린 종이를 부채 접기 해서 알이라 하고 손 사이에 숨긴 다음 숫자를 세며 애벌레가 나오길 기다린다. 그리고 애벌레 모양이 보이게 종이를 펼쳐서 벌레 먹은 나뭇잎에 올리면 정말 애벌레가 나뭇잎을 먹고 풀색이 된 듯 보인다).

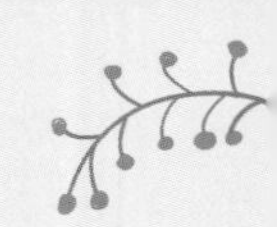

자연물로 애벌레 만들기

종　류 : 미술 놀이

개　요 : 자연물로 애벌레를 다양하게 꾸며본다.

대　상 : 4~8세

준비물 : 나뭇잎, 돌멩이, 열매, 나뭇가지

방법

1 손바닥 크기 나뭇잎을 다섯 장 주워 줄 세운다. 이때 나뭇잎에 손톱이나 잇자국으로 무늬를 만들어도 좋다.

2 돌멩이나 열매로 눈을 표현하고, 나뭇가지로 다리도 표현한다.

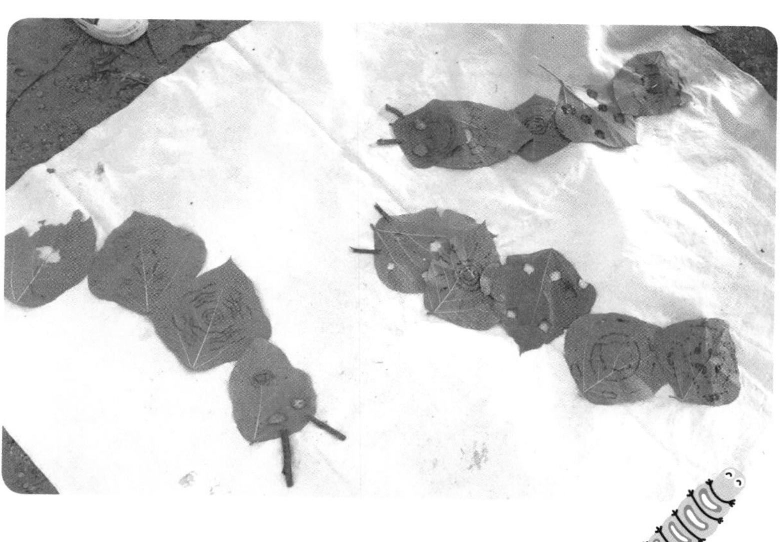

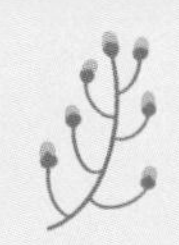

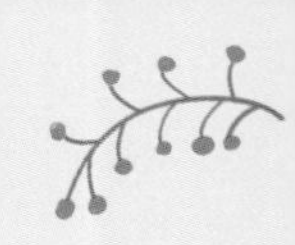

대형 애벌레 꾸미기

종　류 : 미술 놀이

개　요 : 자연물로 애벌레를 표현한다.

대　상 : 4~7세

준비물 : 종이 접시 5개, 여러 가지 자연물, 나뭇가지

방법

1 종이 접시 다섯 개에 자연물을 한 가지씩 모은다.

2 다섯 가지 자연물이 담긴 종이 접시를 줄 세워 애벌레를 만들고, 나뭇가지로 다리를 표현한다.

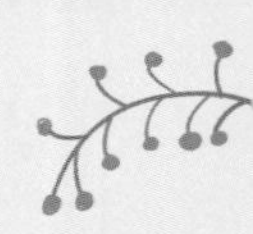

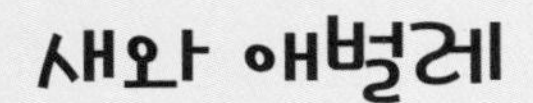

새와 애벌레

종　류 : 활동 놀이
개　요 : 애벌레의 천적을 알아본다.
대　상 : 4~8세
준비물 : 새 모양 머리띠

도입

"애벌레들은 누구와 숨바꼭질할까요? 새가 나타나면 도망가야겠죠? 사자가 나타나면? 사자는 애벌레를 잡을까요? 누가 나타나는지 잘 듣고 잡히지 않도록 해요."

방법

1. 술래를 정해서 새 모양 머리띠를 씌워준다. 나머지 아이들은 애벌레가 된다.
2. "참새가 나타났다"라고 소리 지르면 애벌레들이 도망간다. 새에게 잡힌 애벌레는 번데기가 되어 멈추고, 15까지 숫자를 세면 나비가 되어 도망갈 수 있다. 선생님이 술래가 되어 "까치가 나타났다" "사자가 나타났다" 등 새와 동물을 바꿔가면서 놀이해도 된다. 이때 아이들은 새 종류가 나타났을 때만 도망간다. 자연스럽게 곤충과 천적인 새를 알 수 있다.

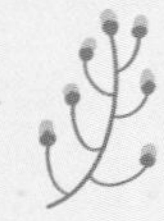

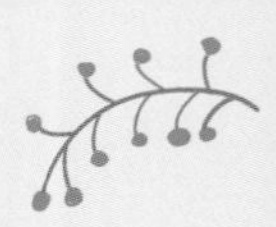

애벌레를 잡아라

종　류 : 활동 놀이
개　요 : 자연의 먹이사슬을 배운다.
대　상 : 4~8세
준비물 : 나무집게(여러 가지 색), 분무기

도입

"엄마 새가 아기 새에게 애벌레를 얼마나 잡아줄까요? 하루에 300마리 정도 잡아서 먹인대요. 종일 애벌레 300마리를 잡으려면 엄마 새가 힘들겠어요."

방법

1. 아이들에게 새가 되어 나뭇가지로 한곳에 둥지를 만들라고 한다(둥지 만들기도 놀이가 된다).
2. 나무집게가 애벌레라고 말하고, 선생님 옷에 붙인다.
3. "먹이를 찾아라"라고 말하면 새들은 애벌레를 잡아서 둥지에 모아 둔다(한 손은 새 날개 모양을 하고 다른 손으로 집게를 한 번에 하나씩 가져간다. 이때 새가 부리로 애벌레를 잡는 것처럼 흉내 낸다).
4. 선생님은 애벌레를 지키기 위해 분무기로 새들에게 물을 뿜는다(애벌레도 위험할 때 나름대로 방어한다고 이야기해준다).

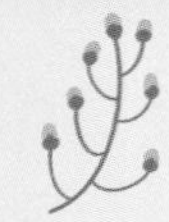

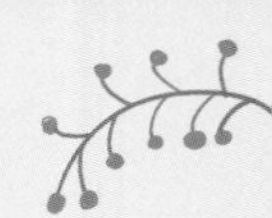

땅속 애벌레 찾기

종　류 : 활동 놀이
개　요 : 땅속에 사는 애벌레에 대해 알아본다.
대　상 : 4~7세
준비물 : 형광색 고무 밴드, 나뭇가지

도입

"애벌레는 어디 살까요? 땅속에 사는 애벌레도 있을까요? 땅속의 애벌레를 찾아볼게요."

방법

1 매미 애벌레, 땅강아지 애벌레, 풍뎅이 애벌레 등 땅속에 사는 애벌레 종류를 알아본다.

2 선생님이 형광색 고무 밴드를 땅속에 묻어둔다. 아이들에게 고무 밴드를 보여주며 애벌레라고 말한 뒤, 땅속 애벌레를 찾아보라고 한다.

3 아이들은 나뭇가지로 부리처럼 땅을 파서 애벌레를 찾는다.

4 나무 아래 둥지를 만들고 찾은 애벌레를 모아둔다(엄마 새가 아기 새에게 애벌레를 가져다주는 흉내를 내며 놀이한다).

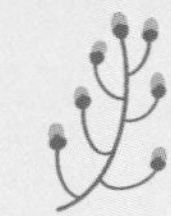

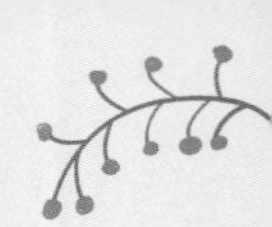

날아라 애벌레야

종　류 : 활동 놀이

개　요 : 애벌레에 대해 상상해본다.

대　상 : 4~7세

준비물 : 형광색 고무 밴드, 나뭇가지

도입

"애벌레는 느리고 약해서 천적에게 잘 잡아먹히지만, 어른벌레가 되면 날아서 도망갈 수 있어요. 우리가 애벌레를 날려서 멀리 도망가게 도와줄까요?"

방법

나뭇가지를 잘라 끝에 형광색 고무 밴드 애벌레를 걸고 날려본다.

{ 3장 }

여름 숲놀이

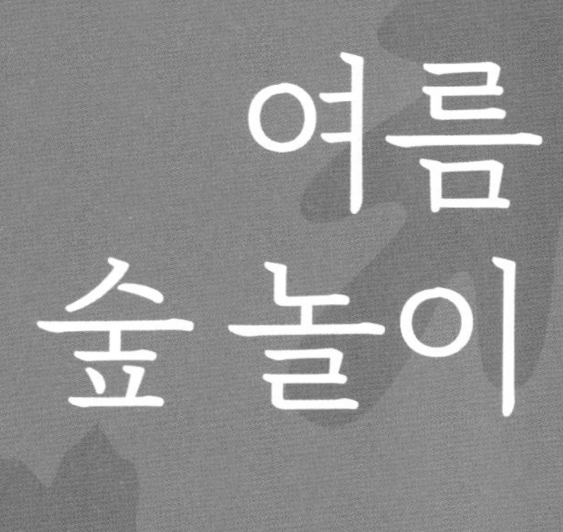

6월
주제

흙

흙은 바위가 부스러진 무기물과 동식물에서 생긴 유기물이 섞인 물질이에요. 환경에 따라 색깔, 알갱이의 크기와 종류, 촉감, 냄새 등이 다르죠. 흙이 더럽다고 생각해 만지기를 꺼리는 아이가 많아요. 다양한 놀이로 흙을 만지고, 느끼고, 새로운 감각을 깨우쳐 아이들이 흙을 새롭게 경험하면 좋겠어요. 생명이 살아가는 데 흙이 얼마나 중요한지도 알고요.

커다란 바위가 작은 모래알이 되는 과정을 이야기로 들려주세요. "아주 먼 옛날, 산꼭대기에 버스만큼 커다란 바위가 있었어요. 어느 날 천둥 번개에 바위가 깨져서 구르더니 승용차만큼 작아졌어요. 지나가던 곰이 승용차만 한 바위를 흔들어 굴렸어요. 데굴데굴 구르다가 낭떠러지로 떨어져서 축구공만 한 돌덩이가 됐네요. 그 돌덩이를 원숭이가 가지고 놀다가 시냇물에 빠뜨렸는데, 구르고 굴러 강가로 흘러가면서 깎이고 닳아 자그만 자갈이 됐어요. 그 자갈들이 부딪혀서 작은 모래알이 됐네요."

앉은자리에서 손으로 집을 수 있는 작은 돌멩이를 찾아 이야기처럼 큰 것부터 작은 순서로 놓아요. 그리고 흙을 집어 손바닥에 솔솔 뿌려봅니다. 모종삽이나 모래 놀이 도구로 주변의 흙을 모아 놀아도 좋아요. 흙 놀이는 계절에 상관없이 숲에서 즐길 수 있습니다.

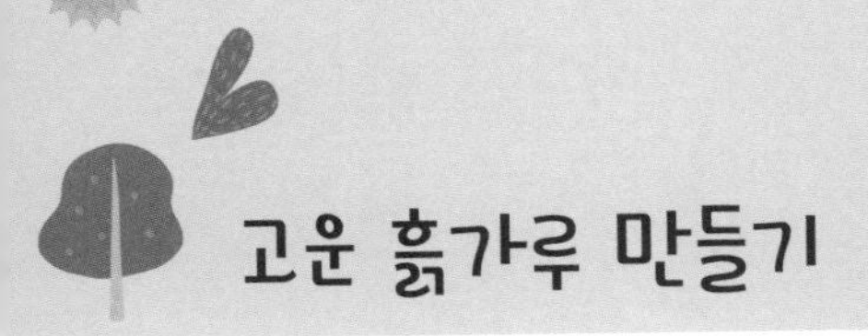

고운 흙가루 만들기

종 류 : 관찰 놀이, 활동 놀이
개 요 : 작은 돌멩이와 흙가루를 분류하고 촉감을 느껴본다.
대 상 : 4~8세
준비물 : 투명한 컵, 모종삽, 방충망, 고무 밴드, 종이 접시

도입

"흙 놀이를 하려고 여러 가지 도구를 준비했어요. 모종삽으로 흙을 팔 때는 앉아서 내 앞으로 긁어요. 앞으로 파면 어떻게 될까요?"(친구에게 흙이 튀지 않도록 모종삽 사용법을 자세히 알려주세요.)

방법

1 투명한 컵에 흙을 반 정도 담고 방충망을 덮은 뒤 고무 밴드로 고정한다.

2 종이 접시에 흙이 든 컵을 흔들어 고운 흙을 뿌린다.

3 종이 접시에 고운 흙이 쌓이면 손가락으로 그림을 그린다.

4 투명한 컵에 남은 굵은 흙과 고운 흙의 촉감을 비교한다.

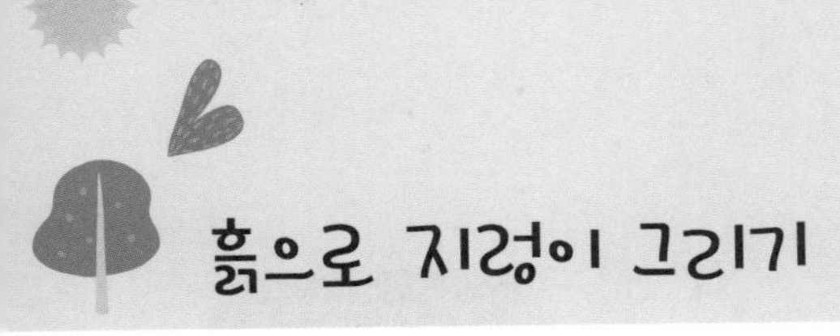

흙으로 지렁이 그리기

종　류 : 미술 놀이
개　요 : 고운 흙가루로 꾸며본다.
대　상 : 4~8세
준비물 : 흙가루, 도화지, 물풀

도입

"흙 속에는 누가 살까요? 흙 속의 지렁이를 찾아볼까요?"

방법

1 흙 속에 사는 생물을 알아본다.

2 도화지에 물풀로 지렁이를 그리고 흙가루를 뿌린다.

3 흙을 털어 흙가루가 붙은 지렁이를 만들고, 그 위에 다시 흙을 덮어 지렁이가 흙 속에 들어간 것처럼 꾸민다.

4 도화지의 흙을 털어 지렁이가 밖으로 나온 것처럼 해본다.

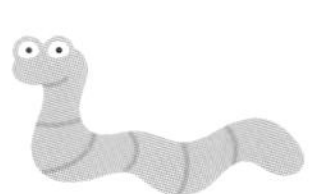

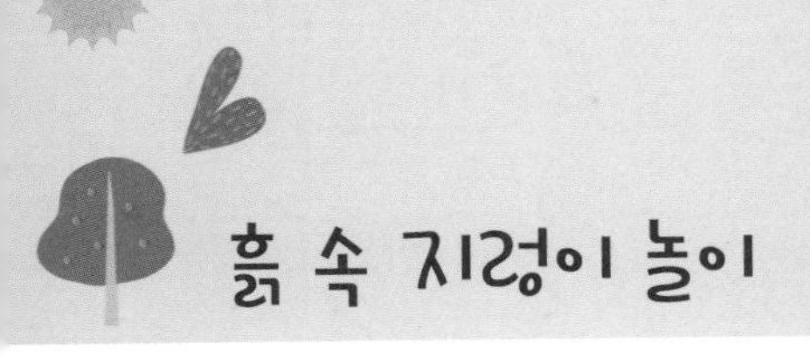

흙 속 지렁이 놀이

종　류 : 활동 놀이
개　요 : 지렁이가 날씨에 따라 어떻게 활동하는지 이해한다.
대　상 : 4~7세
준비물 : 흙으로 꾸민 지렁이 그림

도입

"흙 속에 사는 지렁이는 비가 오면 숨을 쉴 수 없어서 밖으로 나왔다가, 물이 빠지면 다시 집으로 들어가요. 햇볕을 오래 받으면 지렁이 피부가 말라서 죽어요."

방법

1 '흙으로 지렁이 그리기'에서 만든 지렁이 그림을 흙으로 덮어 지렁이가 흙 속에 들어간 것처럼 숨긴다.

2 선생님이 "비가 와요"라고 하면 흙 속에 있는 지렁이 그림을 꺼내고 흙을 털어서 지렁이 그림이 보이게 한다.

3 "해가 쨍쨍"이라고 하면 지렁이 그림을 다시 흙으로 덮는다.

지렁이가 흙 속으로 들어갈 때 똥을 싸서 입구를 막는다. 비 온 다음 날 숲길에서 지렁이 똥이 흔히 보인다. 지렁이 똥 찾기 놀이도 재미있다. 지렁이 똥이 식물에 도움을 주는 영양분이 되고, 지렁이가 파놓은 구멍으로 공기가 들어가서 땅이 더 비옥해진다는 이야기도 들려준다.

개미집 만들기

종　류 : 미술 놀이

개　요 : 고운 흙가루로 꾸며본다.

대　상 : 4~8세

준비물 : 도화지, 물풀, 흙가루, 연필, 돌멩이나 작은 열매, 주스나 설탕물

도입

"개미는 어디에 집을 짓고 사나요? 개미는 땅속에 방을 여러 개 만들어요. 어떤 방이 있을까요?"

방법

1 도화지에 연필로 개미집을 그린다.

2 그림에서 개미집을 뺀 땅 부분에 물풀을 칠하고 흙가루를 뿌린다.

3 개미집에 돌멩이나 작은 열매로 개미와 알을 꾸며도 좋다.

4 그림을 바닥에 두고 설탕물을 살짝 떨어뜨려서 개미가 모여들면 관찰해도 재미있다.

흙 물감으로 그리기

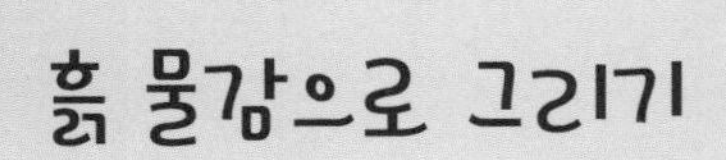

종　류 : 미술 놀이

개　요 : 흙의 질감이나 촉감을 느껴보고, 물감처럼 활용해서 놀이한다.

대　상 : 4~8세

준비물 : 팔레트 대용 접시, 500ml 페트병, 흙, 물, 칡 줄기, 면봉, 도화지(A4 크기 4등분)

도입

"그림을 그리려면 무엇이 필요할까요? 오늘은 물감이나 색연필 말고 흙으로 그림을 그려볼 거예요."

방법

1 페트병에 흙을 반쯤 담고 물을 부어 흔든다. 굵은 돌이 가라앉으면 위에 흙물만 컵에 따라둔다. 몇 시간 뒤 흙물이 맑아지면 물을 따라 내고 가라앉은 고운 흙을 보관했다가 물을 섞어 흙 물감으로 사용한다.

2 흙 물감을 팔레트 대용 접시에 덜어놓고 도화지에 줄무늬와 동그라미 무늬를 그린다.

3 줄무늬끼리, 동그라미 무늬끼리 한 줄로 바닥에 놓는다.

4 길게 놓인 종이 맨 앞과 뒤에 머리와 꼬리 모양을 그려서 꾸민다.

5 흙 물감을 사용할 때 손가락으로 그림을 그리는 게 좋지만, 처음에

아이들이 싫어할 수 있으니 면봉으로 대체하거나 칡 줄기 끝부분을 돌로 두드려 붓처럼 사용한다.

6 아이들이 한 줄로 다리를 벌리고 서고 한 친구가 뱀에게 개구리가 먹히듯이 아래로 기어가는 놀이도 해본다.

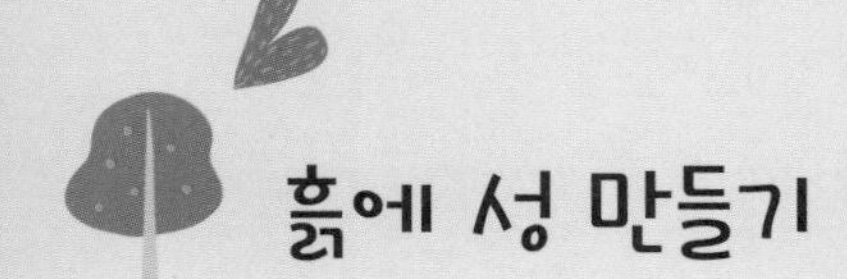

흙에 성 만들기

종　류 : 활동 놀이

개　요 : 흙을 파고 쌓으며 흙과 친해진다.

대　상 : 4~8세

준비물 : 모종삽, 나무망치, 나뭇가지, 돌멩이

도입

"흙이나 나무로 집을 만들어봐요. 나뭇가지를 서로 기대 세우거나, 망치로 땅에 박아도 좋아요. 필요한 나뭇가지나 돌멩이를 찾아서 만들어 보세요."

방법

1 주변에 흙 놀이할 수 있는 곳을 찾는다.

2 모종삽으로 흙을 파고 긁어본다(흙이 단단해서 잘 파지지 않으면 어떻게 하는 것이 좋은지 생각하고, 흙을 팔 때 주변에 튀거나 눈에 들어가지 않도록 모종삽의 방향을 어떻게 하는 것이 좋은지도 알려준다. 어린아이들은 모종삽을 뒤집어서 삼지창처럼 긁어 모으게 한다).

3 흙을 어느 정도 파서 구멍이 생기면 나뭇가지를 꽂고 성을 만든다.

4 굵고 긴 나뭇가지도 세워보고, 모둠원이 같이 세워서 인디언 텐트 모양을 만들어도 좋다.

5 긴 나뭇가지를 세워 성을 만들고, 주변에 작은 나뭇가지로 울타리를 쳐도 좋다(작은 나뭇가지는 나무망치로 세우고, 돌멩이도 이용한다).

6 각자 세운 성을 돌멩이나 자연물로 이어보거나 길을 만들어도 재미있다.

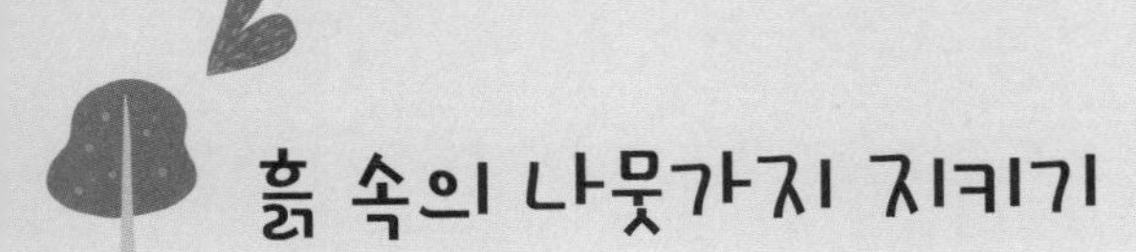

흙 속의 나뭇가지 지키기

종 류 : 활동 놀이
개 요 : 흙의 힘을 이해한다.
대 상 : 4~7세
준비물 : 나뭇가지, 흙

방법

1 흙을 모아 나뭇가지를 꽂고 한 아이가 한 번씩 주변의 흙을 자기 앞으로 긁어 온다.

2 세워둔 나뭇가지가 자기 차례에 넘어지면 진다.

흙 케이크 만들기

종　류 : 활동 놀이

개　요 : 나무 생일 파티를 하기 위해 흙으로 케이크를 만든다.

대　상 : 4~8세

준비물 : 파이용 유산지(지름 10cm), 흙, 모종삽, 꽃잎이나 열매, 나뭇가지, 밀가루

도입

"흙으로 케이크를 만들어서 나무의 생일 파티를 하려고 해요. 같이 만들어볼까요?"

방법

1 파이용 유산지에 모종삽으로 흙을 가득 담는다.

2 흙 위에 꽃잎이나 열매 등으로 꾸민다.

3 나뭇가지를 초처럼 꽂는다.

4 해마다 갈라지는 가지를 헤아려서 나무의 나이를 추측해보고, 흙으로 만든 케이크를 나무 아래 놓고 생일을 축하해준다.

5 밀가루를 살짝 뿌리면 흙 케이크가 더 그럴듯하다.

이어 그리기

종　류 : 미술 놀이

개　요 : 지구에 자연이 조화롭게 살고 있음을 안다.

대　상 : 4~8세 아이가 있는 가족

준비물 : 흙 물감, 도화지(A4 크기 4등분), 연필

방법

1 도화지를 가족마다 한 장씩 나눠준다.

2 전체 가족이 도화지를 가로로 들고 둘러선다. 선생님이 먼저 도화지 오른쪽에 점을 찍어 옆 사람 도화지에 한쪽 변을 맞추면 옆 사람은 마주 붙인 변의 같은 위치에 점을 찍고 오른쪽 변에 점을 찍어서 옆 사람과 맞춘다. 같은 방법으로 점을 찍고 도화지에 두 점이 찍힌 가족은 두 점을 연결한 다음, 아래쪽에는 가족과 함께 흙 물감으로 색칠하고 위쪽에는 땅 위에 있는 사물을 그린다.

3 완성한 그림을 서로 점의 위치가 맞게 연결해 원을 만든다.

4 다 같이 둘러서서 함께 완성한 지구와 자연물을 감상한다.

5 각자 그린 그림이 이어져 지구 생태를 이루는 경험을 한다.

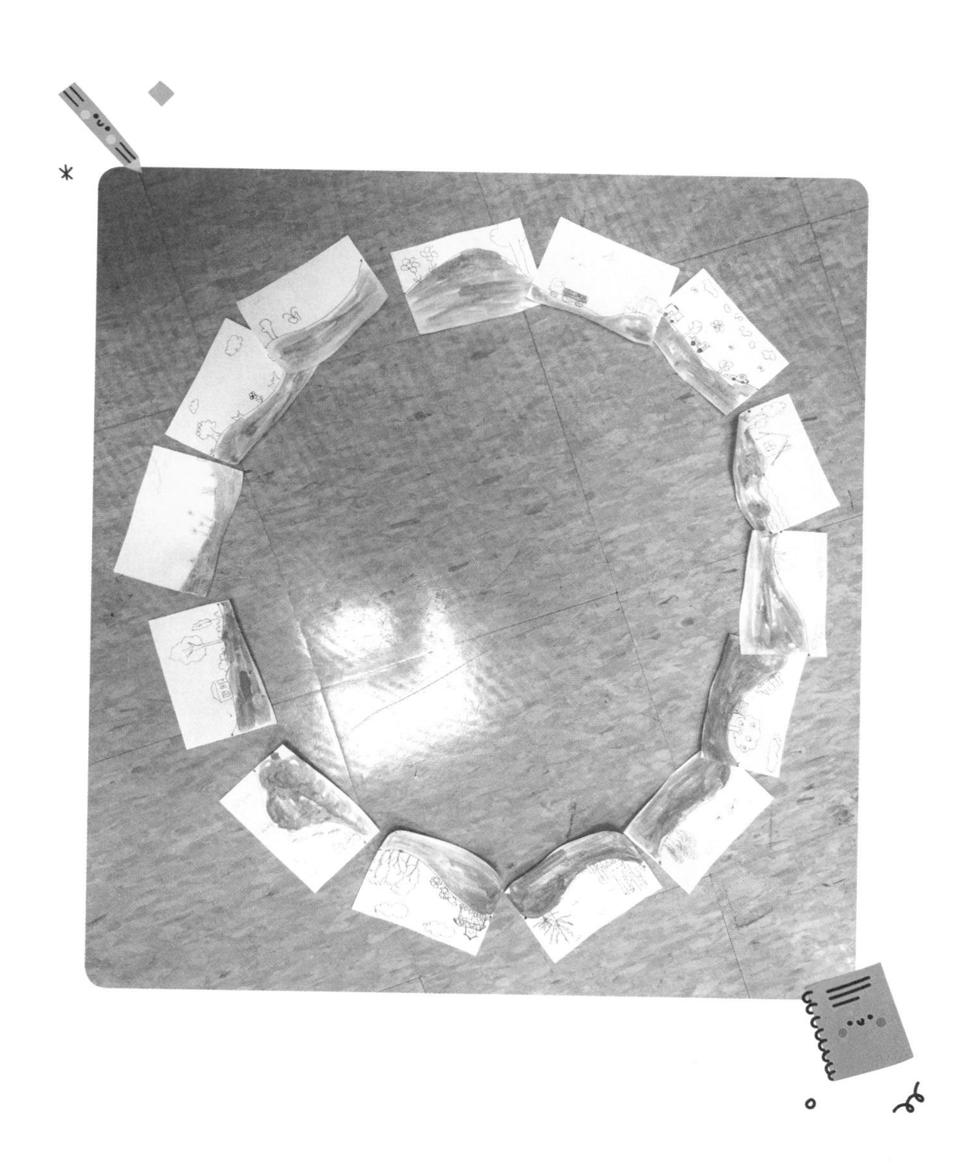

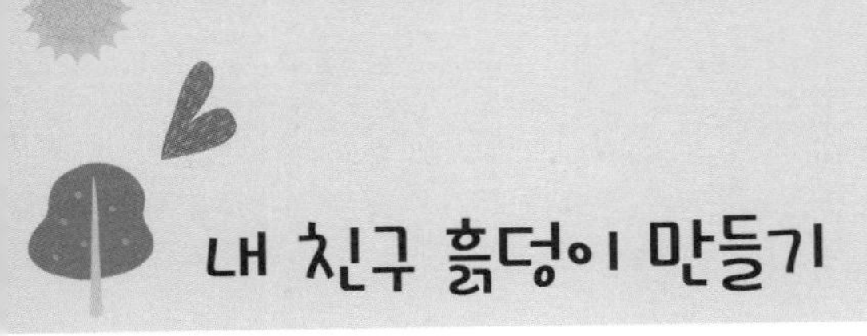

내 친구 흙덩이 만들기

종　류 : 미술 놀이, 활동 놀이
개　요 : 찰흙의 촉감을 느끼고 흙덩이 인형을 만든다.
대　상 : 4~8세
준비물 : 찰흙, 다양한 표정의 눈과 입 모양 종이, 널빤지, 솔잎, 나뭇가지, 열매

도입

"고양이나 강아지처럼 키우고 싶은 동물이 있나요? 흙덩이로 키우고 싶은 동물을 만들어봐요."

방법

1 찰흙을 주먹만 한 크기로 떼어서 준비한다.
2 찰흙을 주물러서 적당한 모양으로 만든다(꼭 사람 모양이 아니어도 된다).
3 모양을 잡은 흙덩이에 눈과 입 모양 종이를 붙여서 표정을 만든다.
4 머리와 팔다리는 솔잎이나 나뭇가지, 열매 등으로 꾸민다.
5 각자 만든 흙덩이 인형에 이름을 붙인다.
6 나무 아래 흙덩이 인형을 세우고 감상한다.

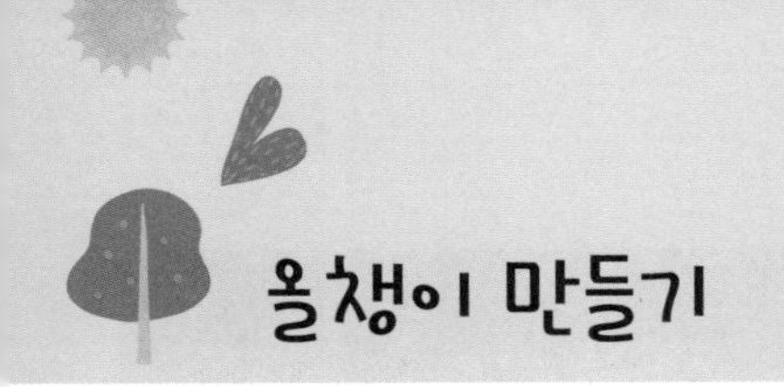

올챙이 만들기

종　류 : 미술 놀이, 활동 놀이

개　요 : 흙과 다양한 돌멩이의 질감, 모양을 관찰·비교한다.

대　상 : 4~8세

준비물 : 손에 쥘 만한 돌멩이, 눈 모양 스티커, 크레파스, 검은 도화지, 가위, 수건, 풀, 보자기

도입

"올챙이는 어디에 살까요? 이곳에 연못이 없으니 우리가 올챙이를 만들어봐요."

방법

1 주변에서 동그란 자갈이나 작은 돌멩이를 주워 온다.

2 검은 도화지를 올챙이 꼬리 모양으로 오려서 준비한다. 목련 꽃잎 같은 자연물로 꼬리를 만들어도 좋다.

3 돌멩이에 묻은 흙을 수건으로 닦고 검은 도화지를 붙여서 올챙이 모양을 만든다(눈 모양 스티커를 붙이거나 크레파스로 그려서 꾸며도 된다).

4 보자기에 각자 만든 올챙이를 배치하고 자연물로 연못을 꾸민다.

5 다른 돌멩이를 찾아 크레파스로 색칠해도 재미있다. 무지개 돌멩이나 반려 돌멩이 꾸미기도 좋다.

7~8월
주제

곤충

식물과 다르게 동물은 한곳에서 관찰하기 어려워요. 선생님이 준비하기도 하는데, 찾기 어렵다고 따로 준비해서 보여주는 방식은 생물 수업과 다르지 않아요. 숲 놀이 현장에서 있는 그대로 관찰하는 게 바람직하지요. 숲 놀이가 학습적인 활동보다 자연과 사람 관계를 알아가는 놀이가 되면 좋겠습니다.

우리는 흔히 작은 동물을 벌레라고 불러요. 벌레는 곤충을 비롯해 지네와 노래기, 거미 같은 마디다리동물이나 지렁이 같은 고리 모양 동물을 일컫는 말이에요. 곤충은 머리와 가슴, 배로 나뉘고, 날개 두 쌍에 다리가 세 쌍인 동물이죠. 곤충은 약 80만 종에 달하고, 전체 동물 수의 70%를 차지한다고 합니다.

곤충은 무슨 일을 할까요? 곤충은 동물의 사체나 낙엽 등을 먹어 숲을 깨끗이 청소해요. 곤충의 배설물은 숲의 식물이 자라는 데 필요한 영양분이 되고요. 곤충은 다른 동물의 먹이가 되어 생태계가 잘 유지되도록

하며, 식물이 꽃가루받이하는 데 도움을 주기도 합니다.

곤충이 짝짓기 하면 암컷이 알을 낳아요. 알은 여러 단계를 거쳐 어른벌레가 되는데, 이를 탈바꿈이라고 해요. 알-애벌레-번데기-어른벌레 순서로 바뀌는 것을 완전탈바꿈이라고 해요. 파리, 장수풍뎅이, 나비, 벌 등이 해당하죠. 알-애벌레-어른벌레 순서로 바뀌는 것을 불완전탈바꿈이라고 해요. 잠자리, 매미, 메뚜기 등이 해당하고요.

곤충 퀴즈로 이야기를 나눠봐요.

곤충에게 두 개 있는 것은? 더듬이

세 개 있는 것은? 몸통(머리, 가슴, 배)

네 개 있는 것은? 날개

여섯 개 있는 것은? 다리

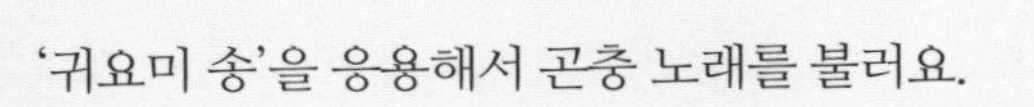

'귀요미 송'을 응용해서 곤충 노래를 불러요.

1 더하기 1은 더듬이

2 더하기 1은 몸통(머리, 가슴, 배)

2 더하기 2는 날~개

3 더하기 3은 다리

곤충을 관찰하기 위해 잠자리채를 하나씩 준비해요. 잠자리채로 곤충을 잡을 때 풀이 무성한 곳에 들어가지 말라고 알려주세요. 날아다니는 잠자리나 나비는 잠자리채로 잡은 채로 땅에 놓고 관찰해요. 관찰한 뒤에는 바로 놓아주고요. 아이들이 생각보다 곤충을 잘 잡아요. 곤충을 잡는 경험은 관찰 목적도 있지만, 곤충에 대한 거부감이나 신기함을 줄여서 아이들의 행동에 변화를 줄 수 있어요.

곤충을 무서워한다거나 잡은 곤충을 집에 가져가려는 행동이 곤충을

잡고 관찰하고 놓아주는 경험을 하며 조금 달라질 거예요. 잠자리채를 들고 곤충을 잡으려고 집중하고, 살금살금 다니다 보면 신나서 더위도 잊을 거예요.

8월 말쯤 되면 매미는 짝짓기가 끝나고 나무 밑에 떨어진 경우가 있으니, 나무 근처를 관찰해도 좋아요. 매미 눈과 입을 관찰하고 배 부분을 보면 암수를 구분할 수 있어요. 수컷이 울음판으로 소리를 낸다는 것도 알려주세요.

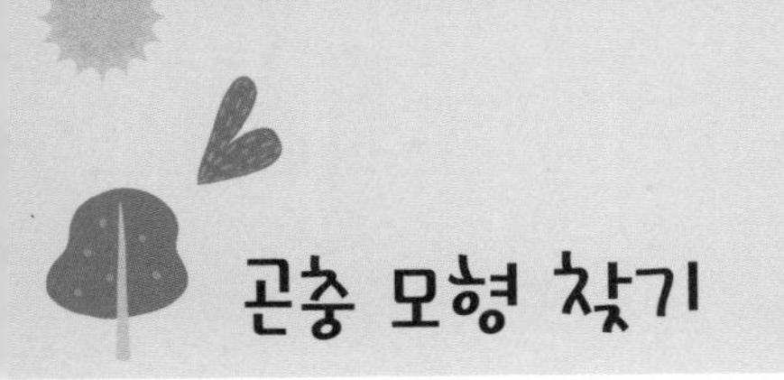

곤충 모형 찾기

종 류 : 활동 놀이

개 요 : 곤충을 직접 잡기 어려운 조건이거나 잡지 못한 경우, 곤충 모형으로 놀이한다.

대 상 : 4~7세

준비물 : 다양한 곤충 모형, 잠자리채

도입

"곤충을 잡지 못해 아쉬운 친구들이 있지요? 오늘은 선생님이 준비한 곤충을 잡아볼까요?"

방법

1 숲 놀이 현장에서 잠자리채로 곤충을 채집하기 어렵거나 잡지 못했을 경우, 곤충 모형을 숲에 숨기고 아이들이 찾게 한다.

2 곤충의 보호색도 알고, 작은 곤충을 찾으며 숲을 살펴본다.

3 찾은 곤충 모형으로 곤충의 종류를 알아보고, 곤충의 특징도 다시 생각해본다.

4 실제 곤충보다 모형이 만지면서 관찰하기 좋다(모형으로 관찰하기 힘든 부분은 보충 설명한다. 더듬이나 다리 길이 등이 곤충마다 다른 것을 비교하며 관찰하고 이야기 나눈다).

개미 관찰하기

종　류 : 관찰 놀이
개　요 : 개미에 대한 두려움을 없애고, 개미를 관찰하는 방법을 알아본다.
대　상 : 4~7세
준비물 : 관찰 통

도입

"개미는 날개가 없어서 잡기 쉬워요. 손으로 잡으면 개미가 다칠 수 있으니, 선생님처럼 개미가 가는 길을 막고 손바닥에 가둬보세요."

방법

1 숲 놀이를 처음 하는 아이들은 개미도 무서워한다.

2 개미가 많이 다니는 숲길에서 개미를 발견하면 양 손바닥을 땅바닥에 붙이고 엄지와 검지 안에 개미를 가둔다.

3 개미가 손안에서 이리저리 다니다가 손등으로 올라오면 손가락으로 막으며 개미의 이동을 관찰한다. 옆 친구에게 전달해도 된다.

4 아이가 손에 개미가 기어오르는 것을 두려워하면 나뭇가지를 활용하거나, 잠시 관찰 통에 담아 관찰해도 된다.

5 손으로 잡으면 개미가 다치거나 죽을 수 있으니, 직접 만지지 않고 관찰하는 방법이다.

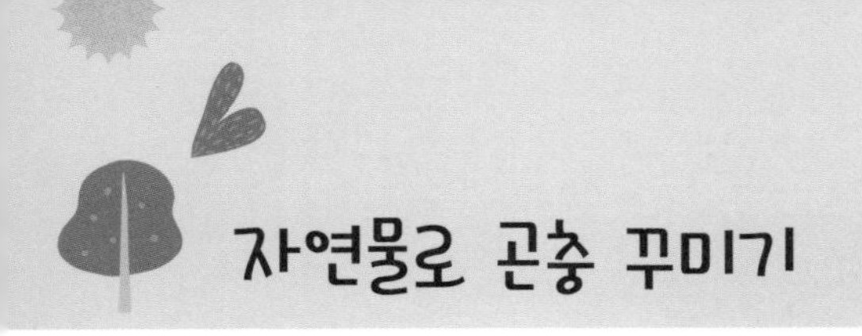

자연물로 곤충 꾸미기

종　류 : 관찰 놀이, 활동 놀이, 미술 놀이

개　요 : 곤충의 특징을 생각하고, 적당한 자연물을 찾아서 곤충을 꾸며본다.

대　상 : 4~7세

준비물 : 곤충 그림 카드, 작은 면 보자기(50×50cm 크기), 여러 가지 자연물, 눈 모양 스티커

도입

"만들고 싶은 곤충을 생각해보세요. 먼저 곤충의 머리와 가슴, 배를 만들 자연물 세 개를 찾아오세요. 머리와 가슴, 배를 한 줄로 놓고 머리 부분에 더듬이를 놓아볼게요. 더듬이는 어떤 자연물로 하면 좋을까요? 날개는 어떻게 놓으면 좋을지 생각하고 만들어보세요."

방법

1 각자 만들고 싶은 곤충을 정한다.

2 곤충 그림 카드를 보고 머리와 가슴, 배의 비율이 어떤지 생각한다.

3 곤충의 머리와 가슴, 배로 적당한 자연물을 찾아온다.

4 면 보자기에 머리와 가슴, 배를 배치한다.

5 머리에 눈 모양 스티커를 붙이면 곤충 느낌이 조금 더 살아난다.

6 더듬이를 표현할 자연물을 찾아 꾸민다(이때 더듬이 길이가 몸과 비교해 긴지 짧은지 곤충 그림 카드를 보고 확인한다).

7 날개를 표현한다(이때도 날개 모양을 곤충 그림 카드로 관찰하고, 크기와 모양이 비슷한 자연물을 찾는다. 무당벌레, 풍뎅이, 메뚜기 등 날개를 접은 곤충은 날개 표현을 생략해도 된다).

8 다리는 여섯 개를 어디에 어떤 길이로 놓을지 생각하고, 필요한 자연물을 찾아 꾸민다.

9 각자 곤충을 다 만들면 다른 친구들이 만든 곤충이 무엇인지 맞혀 본다(어디를 보고 그 곤충인지 알았는지 물어본다. 곤충의 특징을 알고 비교하는 데 도움이 된다).

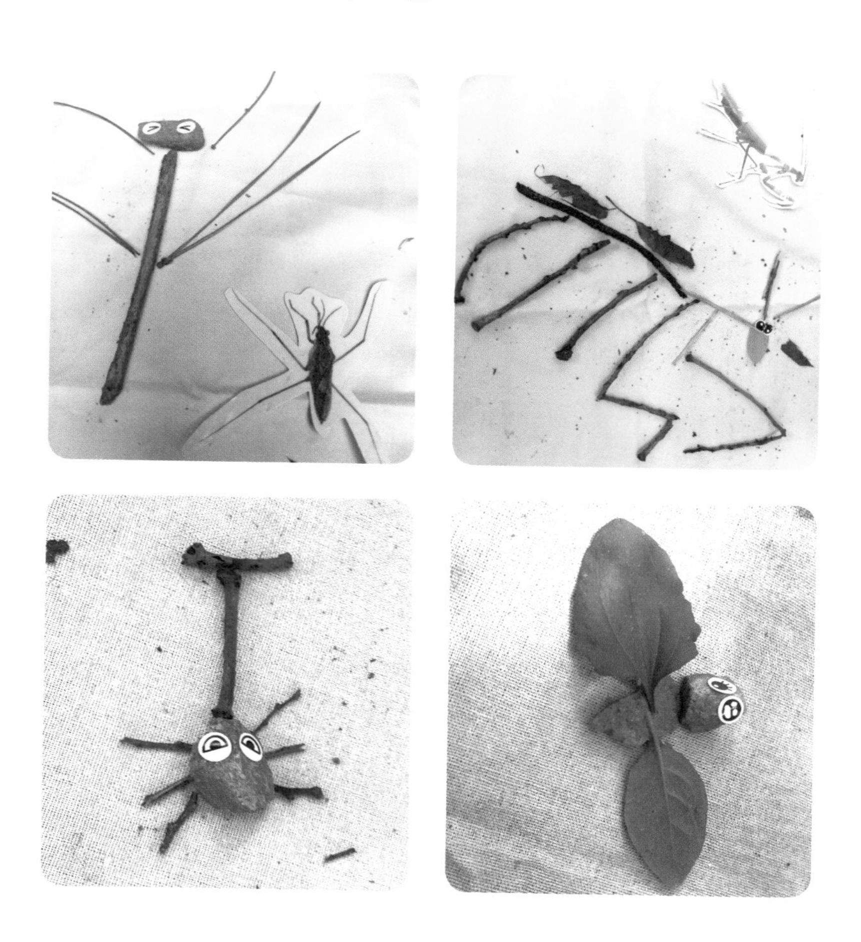

큰 곤충 꾸미기

종　류 : 활동 놀이
개　요 : 모둠이 협동해서 작품을 꾸민다.
대　상 : 4~7세
준비물 : 개인 밧줄(길이 3m), 큰 면 보자기, 여러 가지 자연물

도입

"커다란 나비가 돼볼까요? 나비는 어떻게 생겼을까요?"

방법

1 나비의 특징을 알아보고, 머리와 가슴, 배 부분은 면 보자기에 표시해둔다.

2 날개는 밧줄을 이용해서 바닥에 적당한 크기로 만들고, 그 안을 자연물로 채운다.

3 더듬이를 나뭇가지로 꾸민다.

4 머리와 가슴, 배 부분을 놓은 보자기 위에 아이들이 한 명씩 누워서 나비의 몸이 된다.

5 다른 곤충을 표현해도 좋다.

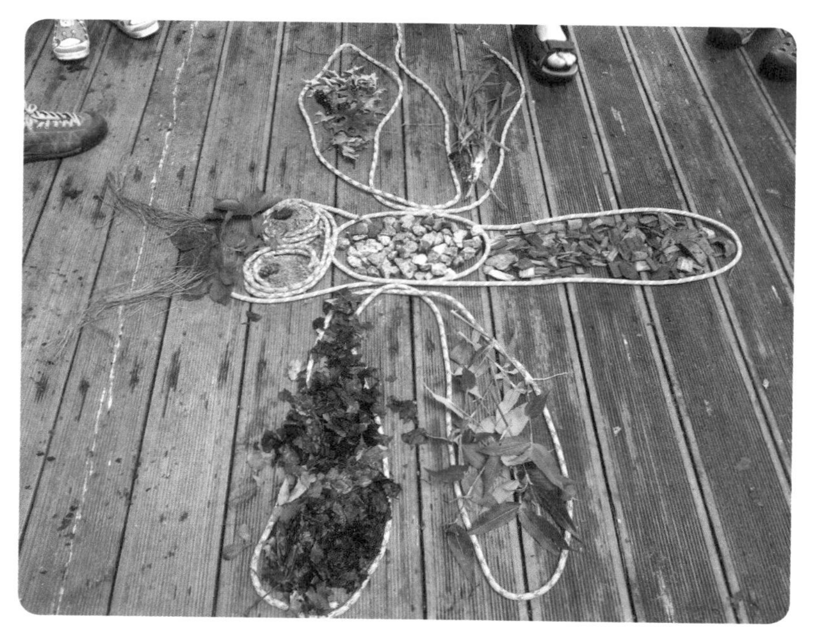

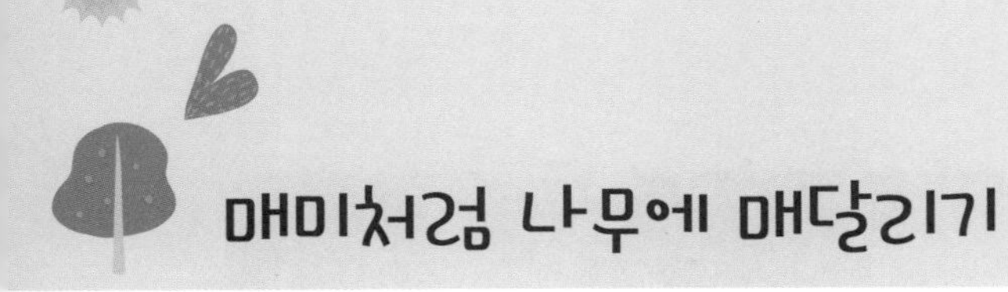

매미처럼 나무에 매달리기

종　류 : 활동 놀이

개　요 : 매미는 왜 나무에 붙어 있는지 알아보고, 매미처럼 나무에 매달려본다.

대　상 : 4~7세

준비물 : 면 보자기

도입

"매미는 어디에 살까요? 나무에 어떻게 붙어 있을까요? 매미는 나무에 왜 붙어 있을까요? 우리도 매미처럼 나무에 매달릴 수 있을까요?"

방법

1 아이가 팔로 감싸 안을 만한 나무를 찾는다(껍질이 매끄러운 나무가 좋다).

2 아이가 나무에 매달릴 수 있도록 안아준다.

3 아이가 버틸 수 있는지 확인하고 손을 놓아 혼자 매달리게 한다(잠시 손을 놓아 매달릴 수 있는지 확인하고 시행한다).

4 팔다리로 나무를 안아 힘을 더하라고 말해준다.

5 몸을 팔로 지탱할 수 있는지 알아본다(아이들이 스스로 힘을 얼마나 쓸 수 있는지 알아보는 방법이다).

6 아이가 반소매 옷을 입었을 때는 줄기에 면 보자기를 둘러 나무껍질에 팔이 긁히지 않도록 한다.

7 매달리기를 하고 나서 매미처럼 나뭇가지로 나무진(수액)을 먹는 흉내를 내본다.

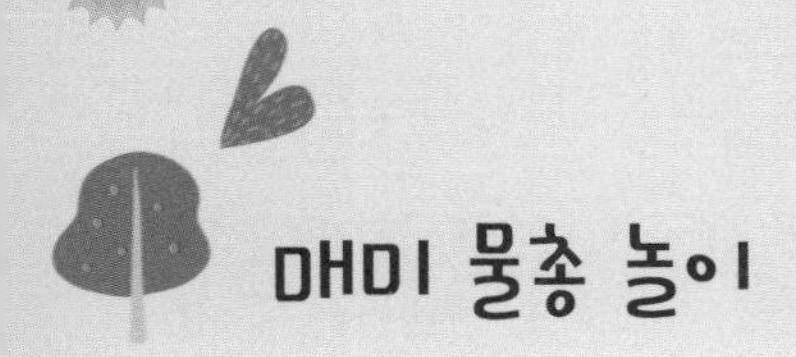

매미 물총 놀이

종　류 : 활동 놀이
개　요 : 애벌레가 허물을 벗고 매미가 돼서 날아갈 때를 상상해본다.
대　상 : 4~7세
준비물 : 페트병, 물, 매미 그림(페트병 크기), 송곳, 투명 테이프, 나뭇잎, 고체 풀, 매미 동화책이나 매미 한살이 그림

도입

"매미 애벌레는 땅속에 살아요. 어른벌레가 되려면 나무로 기어올라서 허물을 벗지요. 그리고 날개를 펴서 말린 다음 배 속의 이물질을 내보내며 날아오른답니다."

방법

1 숲 주변에서 매미가 벗은 허물을 찾아보고, 매미 한살이를 이야기한다(그림이나 동화책을 보여주면 효과적이다).

2 페트병에 물을 담고 매미 그림을 머리가 바닥을 향하게 투명 테이프로 붙인다.

3 매미 날개에 알맞은 나뭇잎을 고체 풀로 붙인다.

4 페트병 뚜껑에 송곳으로 구멍을 뚫는다.

5 페트병 매미를 나무에 붙이고, 매미가 허물을 벗고 나오는 상상을 해본다.

6 허물을 벗고 나온 매미는 날개를 말리고 날아갈 준비를 한다. “우리도 날아볼까?”

7 페트병 매미를 눌러 물을 쏘고 다른 나무로 간다.

8 페트병 매미로 물총을 쏘듯이 다니며 놀이한다.

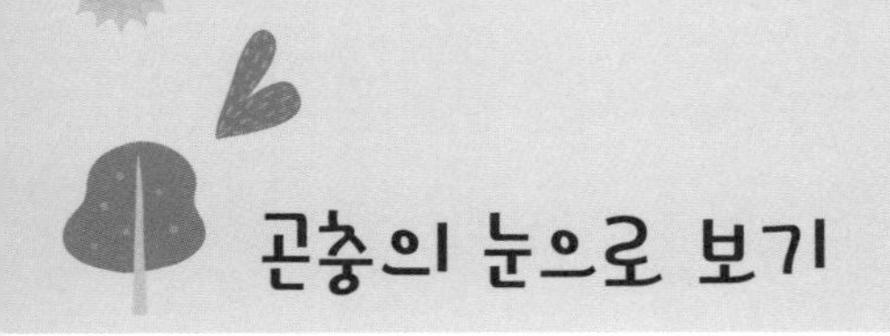

곤충의 눈으로 보기

종　류 : 활동 놀이
개　요 : 곤충의 겹눈 구조를 알아본다.
대　상 : 4~7세
준비물 : 곤충경, 고무줄, 꽃 그림이나 밧줄, 솔방울

도입

"곤충은 대부분 겹눈 두 개와 홑눈 세 개가 있어요. 겹눈은 수많은 육각형 낱눈이 모여 벌집처럼 보인대요. 곤충경으로 곤충처럼 보고 걸어 봐요."

방법

1 겹눈의 가장 큰 특징은 움직이는 물체를 민감하게 보는 데 있고, 겹눈은 날아다니는 곤충에게 가장 적합한 눈 구조라는 이야기를 해준다.

2 나무 사이에 고무줄로 연결해서 거미줄처럼 묶는다.

3 고무줄 너머에 꽃 그림이나 밧줄로 만든 꽃을 놓고, 솔방울(꿀)을 둔다.

4 곤충경을 보며 거미줄을 넘어가서 꽃 속의 꿀을 찾아온다(곤충 모형을 두고 곤충 친구를 구해 오도록 해도 재미있다).

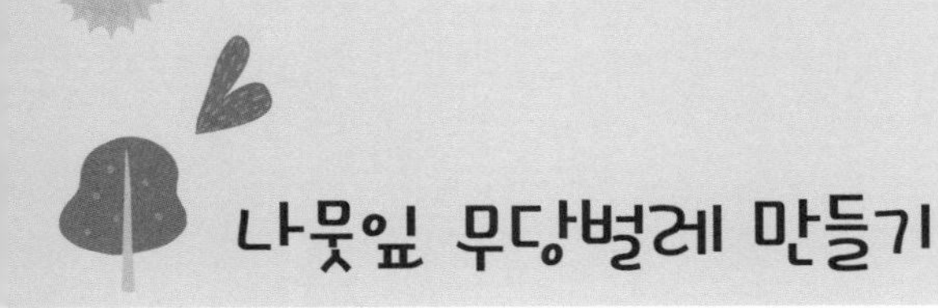

나뭇잎 무당벌레 만들기

종 류 : 미술 놀이, 활동 놀이

개 요 : 무당벌레의 점 개수가 각각 다르다는 것을 알고 만들어본다.

대 상 : 4~7세

준비물 : 동그란 나뭇잎, 점 모양 스티커, 유성 펜, 면 보자기

도입

"칠성무당벌레, 이십팔점박이무당벌레, 노랑육점박이무당벌레, 십일점박이무당벌레 등 점의 개수에 따라 이름 붙인 무당벌레가 있어요. 우리 친구들 나이만큼 점이 있는 무당벌레를 만들어봐요."

방법

1 무당벌레 등처럼 동그란 나뭇잎을 찾아온다.

2 아이들 나이만큼 점 모양 스티커를 붙여서 무당벌레를 만든다.

3 유성 펜으로 눈과 등을 그리고, 먹이를 찾아본다(무당벌레는 나뭇잎이나 열매를 먹지만, 진딧물도 먹는다).

4 먹이를 먹은 무당벌레는 겨울잠을 자고 봄에 나와서 알을 낳는다. 면 보자기에 아이들이 만든 무당벌레를 모아놓고, 겨울잠을 잘 수 있도록 나뭇잎이나 나무껍질로 덮어준다(무당벌레의 한살이를 알아본다).

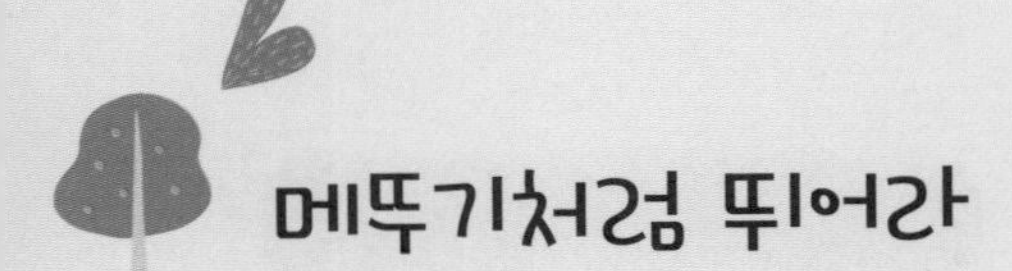

메뚜기처럼 뛰어라

종　류 : 활동 놀이
개　요 : 뛰어다니는 곤충을 관찰하고, 어떻게 뛰는지 흉내 낸다.
대　상 : 4~7세
준비물 : 관찰 가능한 곤충이나 그림책 《뛰어라 메뚜기》

방법

1 메뚜기나 방아깨비 등이 숲에 있으면 따라가면서 뛰는 모습을 관찰한다.
2 앞다리와 뒷다리 길이, 어떻게 멀리 뛰는지도 살펴본다.
3 넓은 장소에서 곤충처럼 앉아보고 멀리 뛰어본다.
4 달리기해도 좋다.

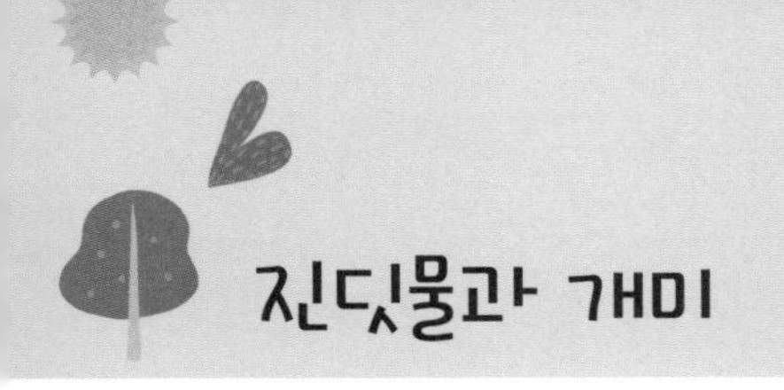

진딧물과 개미

종　류 : 활동 놀이

개　요 : 무당벌레와 개미, 진딧물의 관계를 이해한다.

대　상 : 4~7세

준비물 : 헝겊 공

도입

"진딧물의 몸에서는 감로라는 물질이 나와요. 개미는 단맛이 나는 감로를 좋아해서 진딧물을 따라다녀요. 그런데 무당벌레는 진딧물을 잡아먹어요. 개미는 감로를 먹으려면 무당벌레에게서 진딧물을 보호해야겠죠? 진딧물과 개미가 짝이 되어 놀이해봐요."

방법

1 두 모둠으로 나눠 아이들이 들어갈 원을 그린다.

2 한 모둠은 진딧물과 개미가 짝이 되어 원 안에 들어간다.

3 다른 모둠은 원 밖에서 헝겊 공을 던져 진딧물을 맞힌다.

4 진딧물이 공을 맞으면 개미와 진딧물은 밖으로 나온다(개미가 진딧물을 보호하고 대신 공을 맞아도 된다).

거미줄 놀이

종　류 : 활동 놀이

개　요 : 거미와 곤충의 차이점을 알아보고, 거미줄의 모양을 관찰한다.

대　상 : 4~7세

준비물 : 고무줄

도입

"거미는 곤충일까요? 거미는 왜 곤충이 아닐까요? 곤충은 몸이 머리, 가슴, 배로 나뉘고 다리가 여섯 개지만, 거미는 몸이 머리가슴, 배로 나뉘고 다리가 여덟 개예요. 선생님이 거미줄을 만들 테니 우리 친구들이 곤충이 되어 놀이해봐요."

방법

1 거미와 곤충의 차이점을 알아보고, 주변에서 거미줄을 찾아 관찰한다.

2 거미줄을 살짝 만져서 탄력을 느낀다(이때 거미줄을 함부로 망가뜨리지 않도록 주의한다).

3 고무줄로 나무와 나무 사이를 연결해 거미줄을 묶는다.

4 아이들이 곤충이 되어 거미줄에 닿지 않도록 지나간다.

5 실내에서 놀이할 때는 거미줄의 가로줄에 걸리면 붙지만, 세로줄에는 붙지 않는 것을 알려준다. 바닥에 거미줄을 그리고 세로줄만 밟고 가는 놀이를 해도 된다.

곤충 그리기

종　류 : 미술 놀이

개　요 : 곤충의 특징을 알고 그려본다.

대　상 : 4~8세

준비물 : 종이, 연필, 곤충 그림이나 사진

방법

1 비가 오거나 미세 먼지가 많은 날, 실내에서 곤충 그림이나 사진을 보고 그리게 한다.

2 먼저 크기나 특징을 생각하고 머리와 가슴, 배를 그린다.

3 더듬이가 몸통보다 긴지, 짧은지 관찰한 뒤 더듬이를 그린다.

4 날개를 펴고 있는지 접고 있는지 보고, 두 쌍을 그린다.

5 다리는 머리와 가슴, 배 중에 어디에 붙어 있는지 관찰하고 그린다.

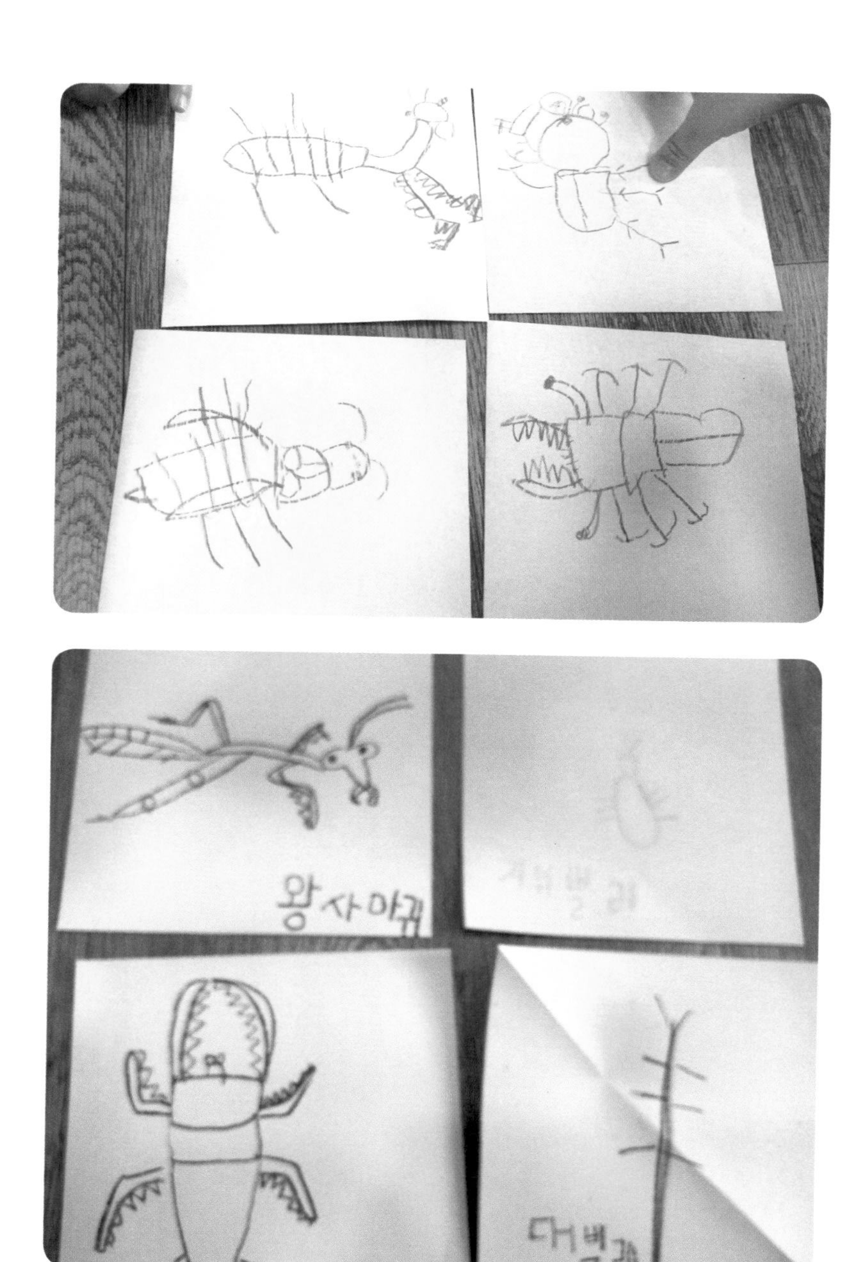
왕사마귀

물놀이

종　류 : 활동 놀이
개　요 : 물의 흐름을 이해한다.
대　상 : 4~7세
준비물 : 비닐 관(너비 10cm, 길이 1~2m), 비닐 팩, 솔잎이나 나뭇가지

방법

1 주변에 냇가가 있다면 물놀이를 하고, 수생생물도 찾아본다.

2 가까운 냇가가 없다면 비닐 관이나 비닐 팩에 물을 담아 놀아본다.

3 공원의 나무나 기둥에 물주머니를 묶고 솔잎이나 나뭇가지로 작은 구멍을 내서 분수를 만들거나, 물주머니를 바닥에 놓고 밟아 구멍으로 물이 나오게 해도 좋다.

{ 4장 }

가을 숲놀이

9월
주제

나무

나무는 사계절 모두 숲 놀이 주제로 삼을 만하지만, 나무 전체를 볼 수 있는 9월이 좋아요. 나무는 형태에 따라 큰키나무(교목)와 떨기나무(관목)로 나눌 수 있어요. 큰키나무는 줄기가 굵어서 가는 가지와 뚜렷이 구분되며, 6~8m 이상 자라요. 나무를 그릴 때 줄기와 가지를 그리는 나무가 큰키나무라고 생각하면 이해가 쉽죠. 나무줄기가 분명하지 않고 밑동에서 여러 줄기가 나며, 키가 작은 나무를 떨기나무라고 해요. 잎 모양에 따라서는 바늘잎나무(침엽수), 넓은잎나무(활엽수)로 나누고요.

나무는 잎, 줄기, 뿌리, 꽃(열매)으로 이뤄져요. 잎은 빛을 받아 광합성을 하고, 식물 내의 수분을 밖으로 내보내는 증산작용을 하죠. 줄기는 식물의 땅 윗부분을 지탱하고 호흡합니다. 뿌리는 나무 전체를 지탱하고 흙에서 수분과 양분을 흡수해요. 꽃과 열매는 식물을 널리 퍼뜨리고요.

숲에서 나무를 보면 인사하세요. 키가 제일 큰 나무와 작은 나무, 뚱뚱한 나무, 날씬한 나무, 기울어진 나무 등을 찾아보고, 그중 튼튼한 나무 하나를 만져보고 밀어보면서 나무는 어떻게 이처럼 튼튼하게 자랐을까

이야기 나눠요.

나무가 자라는 데 무엇이 필요할까요? 물, 햇빛, 바람이에요. 아이들과 나무 체조를 해볼게요.

"친구들이 나무가 돼서 물과 햇빛, 바람을 먹고 튼튼하게 자라는 거예요. 나무처럼 발을 바닥에 붙이고 서보세요. 나무가 물을 먹어요. 꿀꺽꿀꺽(허리를 굽히고 물을 나뭇잎까지 전달하는 것처럼 손으로 발부터 다리, 배, 가슴, 머리를 지나 팔을 위로 뻗는다)… 나무가 햇빛을 먹어요. 냠냠(뻗은 팔을 머리-어깨-가슴-배-다리-발 순서대로 내린다)… 나무가 숨을 쉬어요. 후후(두 손으로 머리부터 발까지 스치며 숨을 쉰다). 자, 이제 나무가 얼마나 튼튼하게 자랐는지 볼까요? 하나둘셋 점프(아이들이 구령에 맞춰 높이 뛴다. 이때 가까운 나뭇가지에 닿도록 뛰어도 좋다)!"

나뭇잎 열쇠 찾기

종　류 : 관찰 놀이, 활동 놀이

개　요 : 다양한 나뭇잎 모양을 비교·관찰한다.

대　상 : 4~7세

준비물 : 열쇠 모양 종이, 면 보자기, 주변의 나뭇잎

도입

"나무 친구들과 놀려면 숲속 집에 들어가야 해요. 나뭇잎 열쇠를 찾아서 문을 열어보세요."

방법

1 선생님이 열쇠 모양 종이를 들고 팔에는 면 보자기를 둘러 숲속 집에 들어가는 문을 만든다.

2 열쇠 모양 종이에 주변의 나뭇잎 한 장을 겹쳐 들고, 숲속 집에 들어가려면 나뭇잎 열쇠를 찾아서 맞춰야 한다고 말한다.

3 아이들은 선생님이 열쇠에 겹쳐 들고 있는 나뭇잎과 같은 것을 찾아서 맞춰본다.

4 같은 나뭇잎이면 문을 열어주고 다른 나뭇잎이면 문을 열어주지 않는다("열쇠가 맞지 않아요"라고 AI처럼 말해주면 재미있다).

나무가 땀을 흘려요

종　류 : 관찰 놀이
개　요 : 나무의 증산작용을 실험해본다.
대　상 : 4~7세
준비물 : 비닐 팩

도입

"날씨가 더우면 땀이 나요. 나무도 더운 날 우리처럼 땀을 흘릴까요?"

방법

1 나뭇가지와 나뭇잎에 비닐 팩을 씌우고, 한 시간 뒤에 물기가 생기는지 관찰한다(한 시간 이상 비닐 팩을 씌워야 하므로, 그동안 다른 활동을 하고 숲 놀이 마무리할 때 확인한다).

2 나무가 물을 흡수하는 것은 볼 수 없지만, 배출하고 부족해진 수분을 다시 흡수해야 한다는 것을 이야기 나눈다.

나뭇잎 모빌 만들기

종　류 : 관찰 놀이, 활동 놀이
개　요 : 다양한 나뭇잎 모양을 비교·분류한다.
대　상 : 4~7세
준비물 : 줄(긴 것, 길이 50cm), 나무집게

도입

"같은 나뭇잎끼리 한 줄에 달아서 나뭇잎 모빌을 만들 거예요."

방법

1 나무 사이에 긴 줄을 묶는다.

2 아이들을 2~3명씩 모둠으로 나눈다.

3 긴 줄에 모둠 수만큼 길이 50cm 줄을 묶는다.

4 모둠마다 나뭇잎을 하나씩 정한다. 모둠 줄에 같은 나뭇잎만 나무집게로 달아 모빌을 만든다.

5 줄마다 적당한 수를 정하고 나뭇잎으로 채운다.

6 같은 줄에 같은 잎이 달렸는지 서로 확인한다.

7 숲 놀이를 마칠 때까지 모빌을 달아두고, 끝나고 나서 정리한다.

나뭇잎 액자

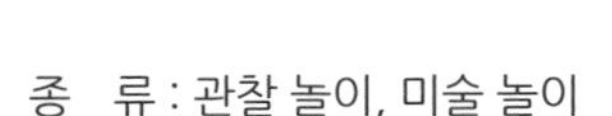

종　류 : 관찰 놀이, 미술 놀이

개　요 : 다양한 나뭇잎 모양을 비교·관찰한다.

대　상 : 4~7세

준비물 : 큰 보자기, 나뭇가지 액자

방법

1 각자 주변에서 나뭇잎을 한 장씩 찾아온다.

2 큰 보자기를 펴고 아이들이 가져온 나뭇잎을 배치한다.

3 보자기 주변에 둘러선다.

4 보자기에 있는 나뭇잎 가운데 하나를 골라, 선생님이 준비한 나뭇가지 액자를 놓는다.

5 선생님이 액자를 놓은 나뭇잎과 같은 것을 찾고, 누가 찾은 잎인지 알아본다.

6 보자기에 있는 나뭇잎을 비교하며 몇 가지 나뭇잎을 찾았는지 알아보고, 어떤 나무에서 떨어진 잎인지 찾아본다.

7 나뭇가지를 네 개씩 주워서 나뭇잎에 액자를 만든다.

8 전체 나뭇잎에 액자를 놓으면 함께 감상한다.

나뭇잎 겨루기

종　류 : 활동 놀이
개　요 : 다양한 나뭇잎 모양을 비교·관찰한다.
대　상 : 5~7세
준비물 : 큰 보자기 2장

방법

1 두 모둠으로 나눈다.

2 모둠별로 나뭇잎을 열 장 모은다(모둠 수에 따라 조정한다).

3 모둠의 보자기에 모은 나뭇잎을 펼쳐둔다.

4 모둠의 보자기에 있는 것 중에 선생님이 지시하는 나뭇잎(가장 큰 나뭇잎, 가장 작은 나뭇잎, 긴 나뭇잎, 뾰족한 나뭇잎, 털이 많은 나뭇잎, 벌레 많이 먹은 나뭇잎 등)을 찾아온다.

5 두 모둠이 찾아온 나뭇잎을 비교한다.

6 모둠의 나뭇잎을 길게 연결하며 마무리한다.

나뭇잎 짝 찾기

종 류 : 관찰 놀이, 활동 놀이
개 요 : 다양한 나뭇잎 모양을 관찰·설명한다.
대 상 : 5~7세
준비물 : 넓은 투명 테이프, 다양한 나뭇잎 2장씩

방법

1 같은 나뭇잎을 두 장씩 인원수(열 명이면 다섯 가지 나뭇잎을 두 장씩)대로 준비한다. 이때 아이들이 나뭇잎 종류를 모르게 한다.

2 아이들이 어떤 나뭇잎인지 모르게 등에 투명 테이프로 붙여준다.

3 아이들은 친구의 등에 붙은 나뭇잎을 보고 모양을 설명하고, 자기 등에 있는 나뭇잎과 비교해달라고 한다.

4 자기 등에 붙은 나뭇잎 모양의 정보를 모아서 누구와 같은지 찾아본다.

나뭇잎 낚시 놀이

종　류 : 활동 놀이
개　요 : 제시한 나뭇잎의 모양을 기억하고 찾아온다.
대　상 : 4~7세
준비물 : 큰 보자기, 줄, 자석, 할핀

도입

"고기를 잡으러 어디로 가야 할까요? 오늘은 숲에서 물고기를 잡을 거예요. 숲에는 물고기가 없으니 나뭇잎으로 물고기를 만들어서 낚시 놀이를 해요."

방법

1 한 사람이 나뭇잎을 세 장씩 모아서 할핀을 꽂아 눈을 만든다.

2 낚싯대를 만들 나뭇가지를 하나씩 찾아온다(숲 놀이에 필요한 자연물은 현장에서 아이들이 직접 찾는 게 좋다).

3 나뭇가지에 줄을 묶고 자석을 단다.

4 보자기에 나뭇잎 물고기를 놓고 각자 낚싯대로 잡아본다.

5 잡은 물고기는 다시 보자기에 둔다(물고기는 물에서 숨 쉰다는 것을 알려준다).

6 물고기를 자석에서 떼어낼 때 나뭇잎이 찢어지지 않도록 주의한다(실제 낚시할 때도 바늘에서 물고기를 조심스럽게 떼어내는 것을 알려준다).

7 각자 물고기 잡는 연습을 한 다음, 낚시 대회를 한다.

8 보자기를 일정 거리에 놓고 낚싯대를 들고 출발점에 선다. 선생님이 제시하는 나뭇잎과 같은 물고기를 잡아 출발점으로 돌아온다.

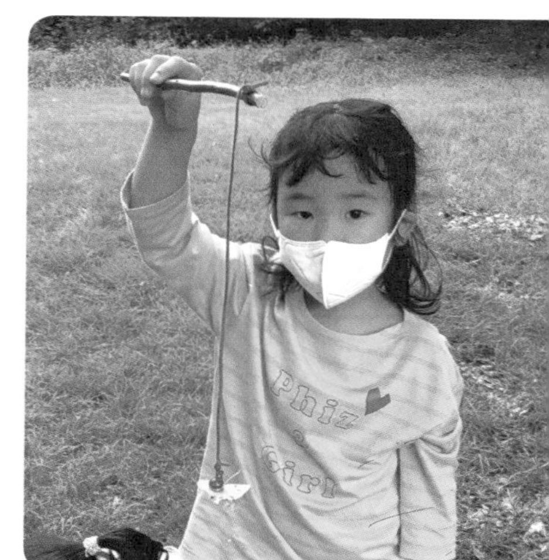

나뭇잎 도감 만들기

종　류 : 관찰 놀이, 미술 놀이
개　요 : 내가 찾은 나뭇잎 도감을 보고 주변의 나무를 구분한다.
대　상 : 5~7세
준비물 : 도화지, 고체 풀

방법

1 도화지를 부채처럼 접어서 아코디언 북을 만든다.

2 쪽수에 맞게 각각 다른 나뭇잎을 찾아서 고체 풀로 붙인다.

3 나뭇잎 이름을 알면 도감에 써도 좋지만, 모르면 쓰지 않아도 된다.

4 도감을 들고 산책하면서 내가 만든 도감의 나무를 찾는다. 선생님은 아이들이 나무를 찾을 때마다 스티커를 붙여주거나 별 그림을 그려준다.

나뭇잎
도감
만들기

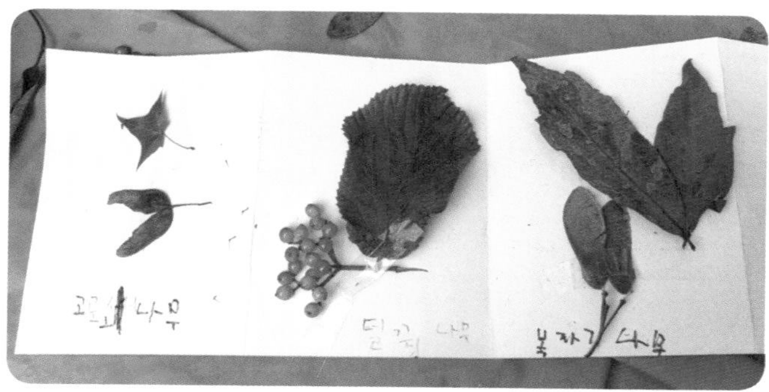
고로쇠나무
덜꿩 나무
복자기 나무

고로쇠
산사나무

나무 빙고

종　류 : 활동 놀이, 관찰 놀이
개　요 : 숲의 나무를 관찰한다.
대　상 : 5~7세
준비물 : 나무 빙고판, 스티커나 마커 펜

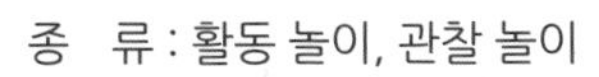

도입

"우리 모습이 다른 것처럼 나무들도 모양이나 크기가 달라요. 숲에는 어떤 나무들이 있는지 탐험해 볼까요?"

방법

1 아이들 나이에 따라 16~25칸 빙고판(예 : 나보다 큰 나무, 손바닥만 한 나뭇잎이 달린 나무, 바늘 모양 나뭇잎이 달린 나무, 버섯이 붙은 나무, 쓰러진 나무, 개미가 기어오르는 나무, 내가 안을 수 없이 뚱뚱한 나무, 내가 흔들 수 있는 나무 등 여러 가지 나무 빙고판)을 준비한다.

2 빙고판에 있는 나무를 둘이 같이 찾거나, 혼자 찾는다.

3 아이들이 나무를 찾으면 선생님이 확인하고 스티커를 붙이거나 마커펜으로 표시해준다.

4 세 줄 빙고, 숫자로 많이 찾기 등 다양하게 놀이할 수 있다.

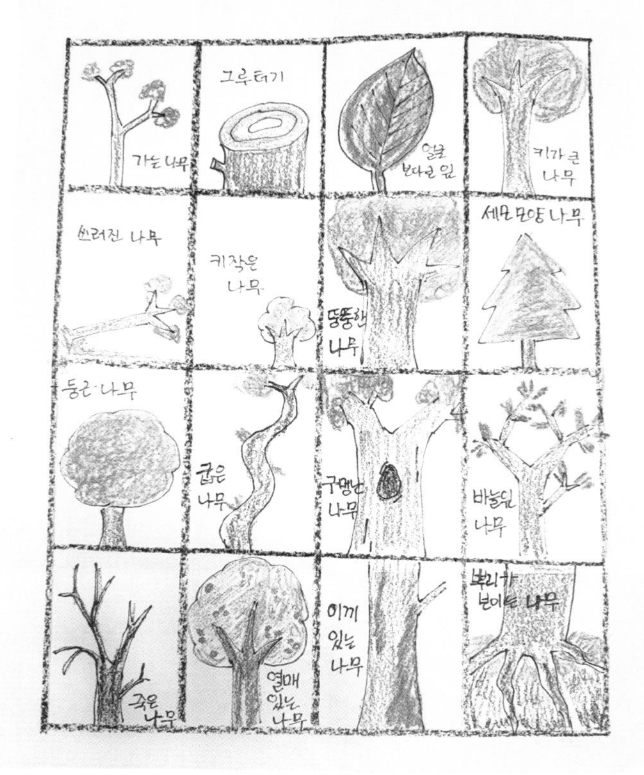
나무 찾기 빙고
가는 나무
그루터기
얼굴 보다 큰 잎
키가 큰 나무
쓰러진 나무
키작은 나무
뚱뚱한 나무
세모 모양 나무
둥근 나무
굽은 나무
구멍난 나무
바늘잎 나무
죽은 나무
열매 있는 나무
이끼 있는 나무
뿌리가 보이는 나무

나뭇잎 풀피리

종　류 : 활동 놀이
개　요 : 나뭇잎으로 풀피리를 불어본다.
대　상 : 7~9세
준비물 : 골판지(3×10cm 크기) 2장, 가위, 고무 밴드, 가늘고 긴 나뭇잎

도입

"피리 불어본 적 있나요? 나뭇잎으로 피리를 만들 수 있어요. 나뭇잎 피리를 만들어서 새소리처럼 불어볼게요."

방법

1 골판지를 두 장 준비한다.

2 반 접은 다음 가운데 부분을 눌러 납작하게 한다.

3 접은 골판지 두 장 사이에 나뭇잎을 넣고 고무 밴드로 묶는다.

4 골판지 사이 나뭇잎 부분을 세게 불어본다(골판지 사이가 조금 떠 있어야 나뭇잎 피리 소리가 잘 난다).

1

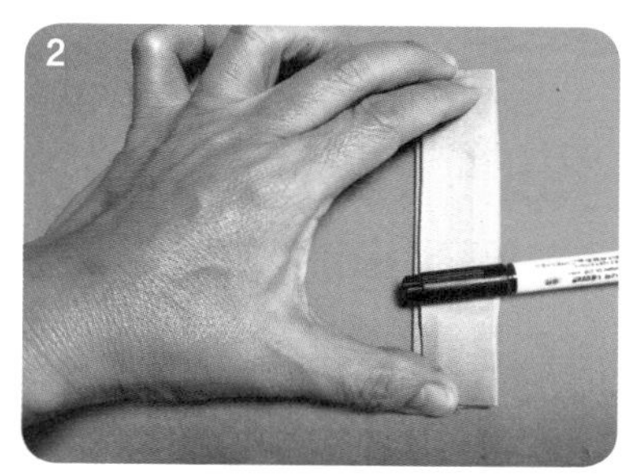
2

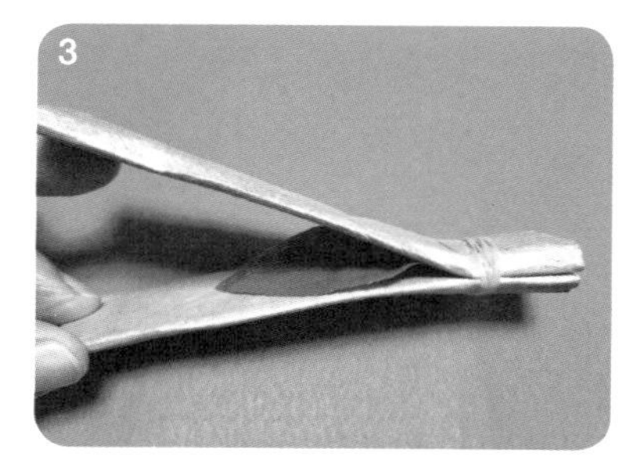
3

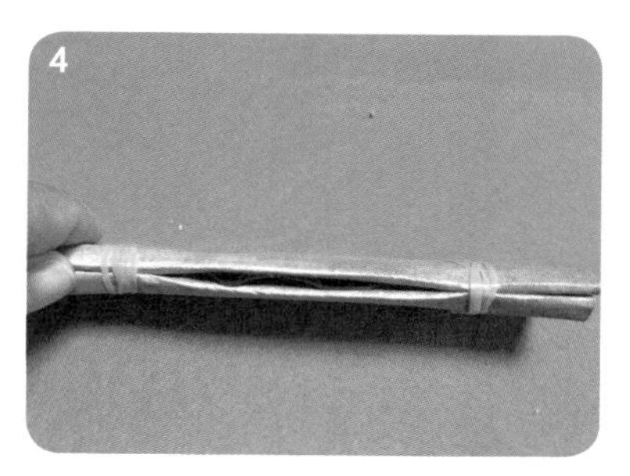
4

ITALIA

10월
주제

열매

식물이 봄에 꽃을 피워 결혼한다면, 가을엔 아기가 태어납니다. 바로 열매죠. 땅에 뿌리를 내리고 사는 식물은 딱 한 번, 열매일 때 움직여요. 식물의 아기와 같은 열매는 어미 곁에서 떨어지려고 멀리 여행을 떠나요. 왜 그럴까요? 열매가 어미 바로 아래 떨어지면 어린 풀이나 나무는 햇빛이나 물, 기타 영양분을 충분히 공급받지 못해 자라기 어렵기 때문이죠. 그래서 열매는 먼 곳으로 이동하기 위해 바람이나 물, 동물 등을 이용해요. 열매 놀이를 통해 다양한 열매를 찾아보고, 그 열매는 어떻게 멀리 여행을 떠나는지 알아봐요.

바람을 이용하는 식물

- 민들레, 엉겅퀴, 사시나무, 버드나무 등은 씨앗에 갓털이 있어 멀리 날아갑니다.
- 물푸레나무, 단풍나무, 오리나무, 자작나무 등은 씨앗에 날개가 있어 멀리 날아갑니다.

동물을 이용하는 식물

• 도깨비바늘, 도꼬마리, 가막사리 등은 열매에 가시가 있어 동물 털에 붙어 멀리 갑니다.

• 주름조개풀은 열매에서 끈적끈적한 물질이 나와 동물 털이나 사람 옷에 붙어 멀리 갑니다.

• 다람쥐나 쥐, 어치 같은 동물은 가을에 숲 곳곳에 도토리를 숨겼다가 찾아 먹는데, 못 찾은 열매에서 싹이 나기도 합니다.

동물의 먹이가 돼서 이동하는 열매

• 과육 속에 씨앗이 있는 버찌, 포도, 그밖에 숲에서 볼 수 있는 빨간 열매는 동물 먹이가 된 후 배설물로 나와 멀리 갑니다.

물을 이용해서 멀리 가는 열매

• 연, 고마리, 야자나무 등 물속이나 물 근처에 사는 식물은 열매가 물에 잘 뜨고, 잘 썩지 않아요. 그래서 흐르는 물을 타고 다른 곳으로 갑니다.

• 모감주나무 열매는 배처럼 생기고 물에 잘 뜨는 열매껍질을 타고 멀리 가요. 바다를 건너기도 합니다. 씨앗이 단단해서 염주를 만들어요.

개미나 작은 곤충이 옮겨주는 씨앗

• 애기똥풀, 제비꽃, 금낭화 등은 개미가 씨앗을 운반해준답니다. 이들 씨앗에는 엘라이오솜이라는 영양 성분이 풍부한 덩어리가 붙어 있어요. 개미가 집으로 가져가서 엘라이오솜을 먹고 씨앗은 그대로 땅에 두면 싹이 나겠죠?

튕겨서 멀리 가는 식물

• 강낭콩, 완두, 팥, 등나무 등은 씨앗이 들어 있는 꼬투리가 터지면서 멀리 갑니다.

열매 모으기

종　류 : 활동 놀이, 관찰 놀이
개　요 : 숲에서 다양한 열매를 찾아 비교·관찰한다.
대　상 : 5~7세
준비물 : 열매 통, 면 보자기

도입

"봄에 꽃이 결혼해서 풀과 나무의 아기가 생겼대요. 그 아기를 열매라고 부르죠. 숲에 어떤 열매가 생겨났는지 함께 찾아봐요."

방법

1 각자 열매 통을 가지고 숲을 산책하며 열매를 모으거나, 선생님의 바구니에 같이 모은다(나무에 달린 열매는 아직 엄마의 영양분이 필요한 아기와 같다. 멀리 여행을 떠날 준비가 된, 떨어진 열매를 줍는다. 나무에 달린 열매는 살짝 건드려 쉽게 떨어지면 괜찮지만, 힘을 줘서 억지로 따면 아직 아기인 열매를 따는 셈이라고 알려준다).

2 다양한 열매를 모으며 어느 나무에서 떨어진 것인지 찾아본다.

3 열매를 열 가지쯤 모으면 적당한 장소로 이동한다. 면 보자기에 열매를 쏟아놓고 같은 열매끼리 분류한 다음, 각각의 열매가 어떻게 멀리 이동하는지 생각하고 이야기 나눈다.

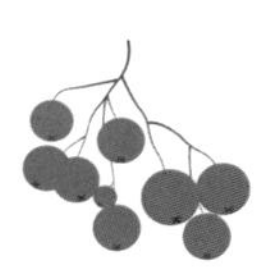

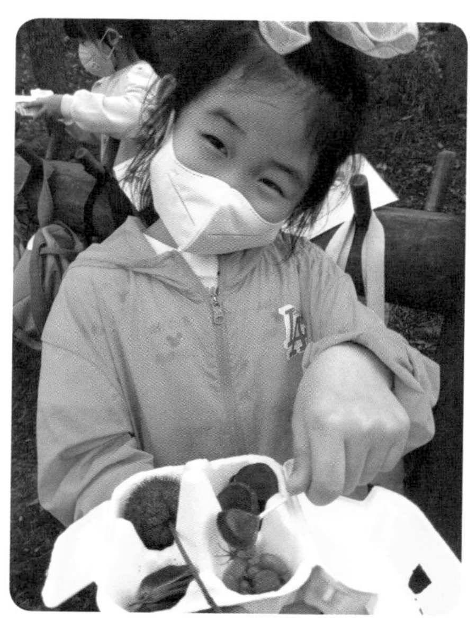

열매의 여행 놀이

종　류 : 활동 놀이
개　요 : 씨앗의 다양한 이동 방법을 놀이로 이해한다.
대　상 : 5~7세
준비물 : 없음

방법

1 열매가 어떤 방법으로 멀리 이동하는지 알아본다. 날아가는 열매(소나무, 민들레, 단풍나무), 튕겨서 멀리 가는 열매(등나무, 팥, 콩, 얼치기완두, 봉숭아), 동물의 먹이가 되어 멀리 가는 열매(산사나무, 산딸나무, 주목, 벚나무, 산수유나무), 붙어서 멀리 가는 열매(도꼬마리, 질경이, 주름조개풀, 도깨비바늘) 등 '열매 모으기'에서 찾은 열매를 기준으로 정한다.

2 다 같이 원을 만들어 손잡고 서서 노래를 부르며 한쪽으로 돈다.

3 선생님이 식물 이름을 말하면 열매가 이동하는 방법으로 원에서 멀리 도망간다(소나무 : 날아서 이동 / 콩 : 점프하며 이동 / 산수유나무 : 냠냠 먹으며 이동 / 도꼬마리 : 두 명씩 손잡고 이동).

4 일정한 거리로 이동한 다음, 선생님이 "겨울이다"라고 하면 모두 몸을 웅크리고 앉는다.

5 선생님이 "봄이다"라고 하면 원으로 모여서 다시 놀이를 시작한다.

솔방울 놀이

종　류 : 활동 놀이

개　요 : 숲에서 가장 흔한 솔방울로 다양한 놀이를 한다.

대　상 : 5~7세

준비물 : 솔방울, 면 보자기, 나뭇가지, 잠자리채나 종이 상자, 고무 밴드, 운동화 끈

솔방울 보자기에 던지기

1 각자 솔방울을 다섯 개씩 주워 온다.

2 가운데 면 보자기를 펼치고 주위에 둘러서서 솔방울을 보자기에 던져 넣는다.

3 보자기를 조금씩 접으면서 작게 만들어 난도를 조절한다.

솔방울 골프

1 각자 솔방울과 나뭇가지를 주워 온다.

2 나뭇가지로 솔방울 다섯 개가 들어갈 만한 구멍을 판다.

3 구멍 주위에 일정한 거리를 두고 둘러서서 나뭇가지로 솔방울을 굴려 구멍에 넣는다. 아이들이 동시에 각자 솔방울을 몰아서 구멍에 먼저 넣으면 이긴다.

솔방울 축구

1 솔방울을 하나씩 주워 온다.

2 선을 그리고 서서 선생님의 구령에 맞춰 멀리 찬다(나무 사이에 줄을 묶어 골대를 만들고 차서 넣어도 된다).

솔방울 농구

1 각자 솔방울을 주워 온다.

2 잠자리채나 종이 상자 등을 나무에 매달고 솔방울을 던져 넣는다.

솔방울 멀리 보내기

1 모둠끼리 한 줄로 선다.

2 앞사람이 허리를 숙이고 솔방울을 다리 사이로 전달한다.

3 뒷사람이 받아서 같은 방법으로 보낸다.

4 정한 개수를 먼저 맨 뒷사람에게 전달하는 모둠이 이긴다.

솔방울 똥싸개

1 동물에게 먹힌 다음 똥으로 나와 멀리 이동하는 열매에 대해 이야기 한다.

2 솔방울을 무릎 사이에 끼우고 걸어가서 목표 지점에 떨어뜨린다(똥 싸는 흉내).

솔방울 나르기

1 고무 밴드에 운동화 끈 네 개를 엮는다.

2 둘이 짝이 되어 고무 밴드로 솔방울을 협동해서 옮긴다(고무 밴드를 협동해서 조절하며 솔방울을 옮기는 방법을 알아가며 놀이한다).

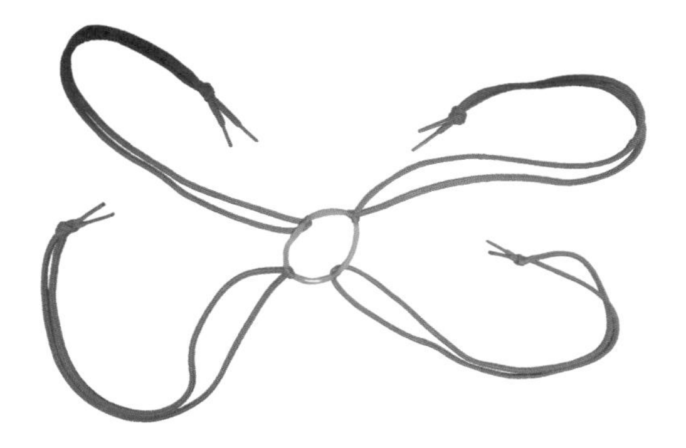

도토리 놀이

종　류 : 활동 놀이
개　요 : 도토리로 다양한 놀이를 한다.
대　상 : 5~7세
준비물 : 도토리, 종이컵, 숟가락, 두루마리 휴지 심

도토리 전달하기

1 두 모둠으로 나눈다.

2 숟가락, 컵이나 나뭇잎, 두루마리 휴지 심 등을 사용해 도토리를 앞에서 뒤로 보낸다.

도토리 굴리기

도토리를 굴려서 멈춘 곳까지 따라간다(목적지를 정하고 몇 번 굴려서 가본다). 여러 가지 방법으로 길을 만들어서 굴려도 된다.

도토리로 구슬치기

도토리를 한 줄로 놓고 일정 거리 떨어져서 도토리로 맞힌다.

도토리 숨기기

1 원을 그리고 안을 깨끗하게 정리한다.

2 각자 나뭇가지로 땅을 파고 도토리를 넣은 뒤 나뭇잎으로 덮는다.

3 선생님은 아이들 모르게 도토리가 없는 곳에 나뭇잎을 몇 장 더 깔아둔다.

4 원 밖에서 노래를 부르며 돌다가 선생님이 지명하는 아이가 자기 도토리를 찾는다.

5 다람쥐가 도토리를 숨기고 찾지 못하면 땅속에 있던 도토리가 나중에 나무로 자라날 수도 있다는 것을 배운다.

도토리로 얼굴 꾸미기

1 땅에 동그라미를 그린다(동그란 접시나 종이를 활용해도 된다).

2 도토리로 눈, 코, 입을 만든다(다른 자연물로 만들어도 좋다).

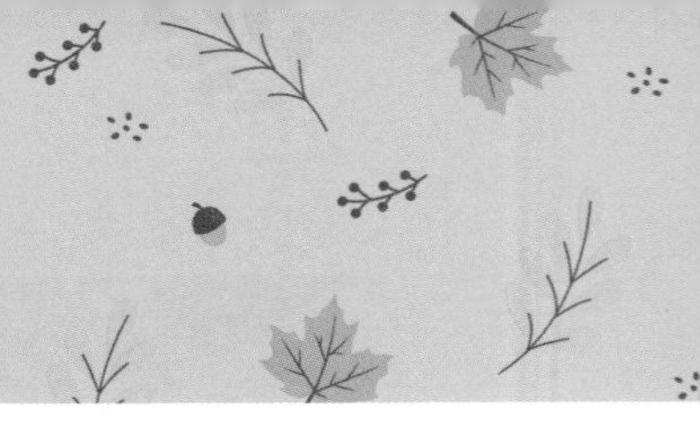

도토리 만칼라

방법

1 도토리 열 개쯤 들어갈 동그라미를 여섯 개씩 두 줄로 그리고, 동그라미 양쪽에 도토리 바구니를 놓는다(바구니 대신 땅바닥에 구멍을 파도 된다).

2 동그라미에 도토리를 세 개씩 넣어둔다.

3 둘이 마주 앉아 각각 동그라미 한 줄을 정하고 놀이를 시작한다.

4 순서를 정해서 자기 차례에 도토리를 모두 꺼내, 자신의 오른쪽으로 동그라미 하나마다 도토리 하나씩 넣으면서 진행한다. 동그라미 안에 세 개로 시작하니 동그라미 세 칸을 이동할 수 있다.

5 자기 바구니에 넣을 때를 생각하며 시작 동그라미를 정한다. 자기 바구니에 마지막 도토리가 들어가면 한 번 더 할 수 있다(예를 들어 세 칸을 이동해서 바구니가 세 번째가 되면 한 번 더).

6 두 명 중 한 명의 동그라미에 도토리 여섯 개가 없어지면 놀이가 끝난다.

7 각자 바구니에 모은 도토리를 세어본다(도토리를 동그라미 하나씩 옮기며 자기 바구니에 도착해서 도토리가 남으면 상대방의 동그라미로 넘겨줘야 한다).

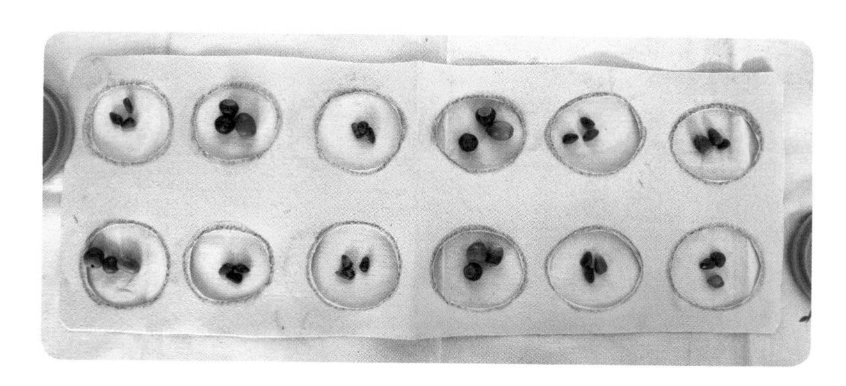

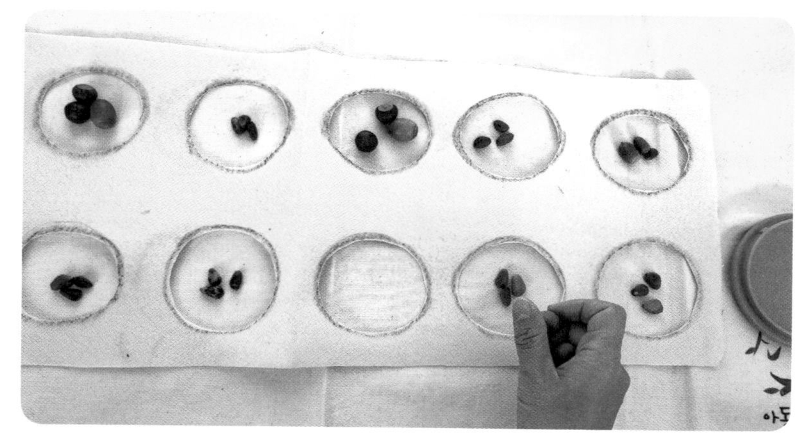

아프리카 전래 놀이 만칼라(mancala)를 응용한 놀이다. 큰 항아리 두 개와 작은 항아리 열두 개를 가지고 구슬을 하나씩 나눠 담으면서 구슬을 자기 쪽 항아리로 옮겨, 많이 가져간 사람이 이긴다. 가을에 다양한 열매로 구멍마다 하나씩 뿌리듯이 열매 멀리 가기, 열매를 모아 겨울을 나는 동물의 이야기로 연결해서 진행해도 좋다. 산수유나 잣처럼 작은 열매를 사용해도 된다.

도꼬마리 놀이

종　류 : 활동 놀이

개　요 : 도꼬마리 열매가 동물 털에 붙어 이동하는 것을 배운다.

대　상 : 5~7세

준비물 : 도꼬마리 열매, 동물 인형

방법

1 도꼬마리 열매를 관찰한다.

2 아이들이 도꼬마리가 되어 열매를 다섯 개씩 들고 선다.

3 선생님이 동물 인형을 들고 지나가면 도꼬마리 열매를 던져 동물 털에 붙인다(도꼬마리 열매를 붙이지 못하거나 떨어뜨리면 동물이 다시 지나갈 때를 기다리게 한다).

도꼬마리 낚시

종　류 : 활동 놀이
개　요 : 도꼬마리 열매가 동물 털에 붙어 이동하는 것을 배운다.
대　상 : 5~7세
준비물 : 면 보자기, 도꼬마리 열매, 마 끈

방법

1 면 보자기에 도꼬마리 열매를 펼쳐둔다.

2 아이들 허리에 마 끈을 묶어 꼬리처럼 늘어뜨린다.

3 두 모둠으로 나눠 모둠끼리 한 줄로 선다.

4 선생님이 신호하면 출발선에서 도꼬마리 열매가 있는 보자기까지 달려간다.

5 마 끈을 동물 꼬리처럼 흔들어 도꼬마리 열매를 붙이고 출발점으로 돌아온 다음, 마 끈을 흔들어 열매를 떨어뜨린다.

6 도꼬마리 열매를 많이 모은 모둠이 이긴다.

아동숲놀이지도사협회

열매 밥상 만들기

종 류 : 활동 놀이

개 요 : 밤 쭉정이로 숟가락을 만들어 소꿉놀이한다.

대 상 : 5~7세

준비물 : 면 보자기, 도토리깍정이, 작은 열매(여러 가지), 밤 쭉정이, 가는 나뭇가지

방법

1 밤 쭉정이 끝을 자르고 가는 나뭇가지를 꽂아 숟가락을 만든다.

2 밤 숟가락으로 옮길 만한 작은 열매를 모은다.

3 면 보자기를 식탁보처럼 펼치고 도토리깍정이로 상을 차린다.

4 나뭇가지 젓가락과 밤 숟가락으로 상차림을 완성하고, 누구를 초대할지 생각해본다.

11월
주제

단풍

가을이 되면 나뭇잎이 울긋불긋하게 변해요. 왜 그럴까요? 날씨가 추워지면 나무는 자신을 보호하기 위해 떨켜(잎자루와 가지가 붙은 곳에 생기는 특수한 세포층)를 만들어요. 떨켜가 가지와 나뭇잎 사이에 물과 양분이 이동할 수 없게 막아요. 나뭇잎은 뿌리에서 물을 공급받지 못하지만, 잎은 계속 햇빛을 받아 광합성을 해요. 이때 만든 양분은 떨켜 때문에 줄기로 이동하지 못하고 잎에 머물죠. 잎은 산성으로 바뀌고, 초록색을 띠는 엽록소가 파괴됩니다. 그러나 카로티노이드와 크산토필은 파괴되지 않아, 가을이면 잎이 다양한 빛깔을 띠는 거예요. 카로티노이드 같은 노란 색소가 드러나면 은행잎처럼 노란빛으로, 안토시안 같은 붉은 색소가 드러나면 단풍잎처럼 붉은빛으로 변하죠.

알록달록 고운 나뭇잎은 물을 공급받지 못해 점점 마르다가 떨어져요. 잎을 떨군 나무는 불필요한 에너지 소비를 막아, 최소한의 양분으로 겨울을 나고요. 신기하죠? 나무가 참 지혜로워요.

소나무처럼 늘푸른나무(상록수)도 있어요. 늘푸른나무는 추위를 이기

는 힘이 있어 겨울에도 초록 잎을 달고 있어요. 하지만 늘푸른나무도 나뭇잎을 떨군답니다. 소나무는 2~3년에 한 번, 잣나무는 3~5년에 한 번, 주목은 무려 9년까지 광합성을 하고 잎을 떨군대요. 그래서 늘푸른나무 중 바늘잎나무는 겨울에도 초록 잎을 단 것처럼 보이죠.

단풍이 들기 시작하는 시기에는 주로 단풍의 다양한 색을 관찰하는 놀이가, 단풍이 질 무렵에는 낙엽 놀이가 좋아요. 숲 놀이 주제는 자연의 변화에 적절히 맞춰보세요.

나뭇잎 피자 만들기

종　류 : 활동 놀이
개　요 : 다양한 단풍잎을 찾아본다.
대　상 : 5~7세
준비물 : 밧줄(길이 3m)

도입

"아주 커다란 피자를 만들 거예요. 피자에 무엇이 들어갈까요? 빨간 토마토, 갈색 불고기, 주황 파프리카, 노란 치즈 등을 숲속 마트에서 구해 올게요."

방법

1 밧줄로 피자 도우 모양 커다란 원을 만든다.
2 두 명씩 짝지어 피자 토핑으로 사용할 나뭇잎(빨간 토마토, 노란 치즈, 주황 파프리카, 갈색 불고기, 초록 피망)을 찾아온다.
3 밧줄 피자에 나뭇잎을 채워서 완성한다.
4 1~3과 같은 방법으로 무지개를 만들어도 좋다.

단풍 패턴 만들기

종　류 : 활동 놀이
개　요 : 단풍으로 다양한 패턴을 만든다.
대　상 : 5~8세
준비물 : 투명 테이프(너비 5cm)

방법

1 여러 가지 색 단풍잎을 모은다.

2 나무 사이를 투명 테이프로 연결한다.

3 선생님이 단풍잎으로 색깔 패턴을 만들어 붙인다.

4 패턴이 유지되도록 아이들이 한 명씩 이어 붙인다.

왕관 만들기

종 류 : 미술 놀이
개 요 : 단풍으로 왕관을 꾸며본다.
대 상 : 3~6세
준비물 : 골판지, 고무줄

도입

"숲속 나라 왕자님과 공주님이 되어볼까요?"

방법

1 골판지 구멍에 단풍잎 잎자루를 꽂고(단풍잎은 많을수록 좋지만, 아이들이 원하는 만큼 꽂는다), 양 끝에 고무줄을 연결해 왕관을 만든다.

2 두꺼운 종이로 왕관 모양을 만들고 단풍잎을 붙여도 된다.

3 플라타너스나 떡갈나무처럼 큰 잎을 나뭇가지로 연결해서 왕관을 만들어도 좋다.

나뭇잎 벽걸이 액자 만들기

종　류 : 미술 놀이
개　요 : 단풍잎으로 벽걸이 액자를 꾸민다.
대　상 : 5~8세
준비물 : 나뭇가지나 나무젓가락, 마 끈, 고무 밴드, 고체 풀이나 목공 풀

방법

1 선생님이나 부모님이 나뭇가지나 나무젓가락 네 개를 고무 밴드로 묶은 다음, 마 끈으로 감아서 액자를 만들어둔다.

2 나무 액자에 다양한 색 단풍잎을 끼운다.

3 나뭇잎이 고정되지 않아 빠지기 쉬우므로, 마 끈에 고체 풀이나 목공 풀을 조금 묻혀도 좋다.

4 완성한 액자를 나뭇가지에 걸고 감상한다(나뭇잎을 떨군 나뭇가지에 걸면 더 좋다).

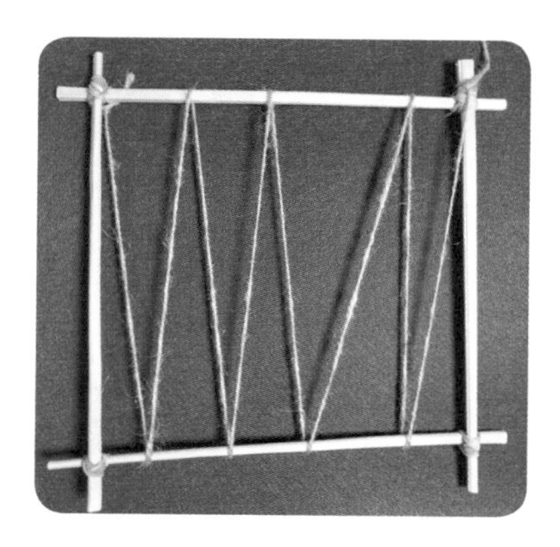

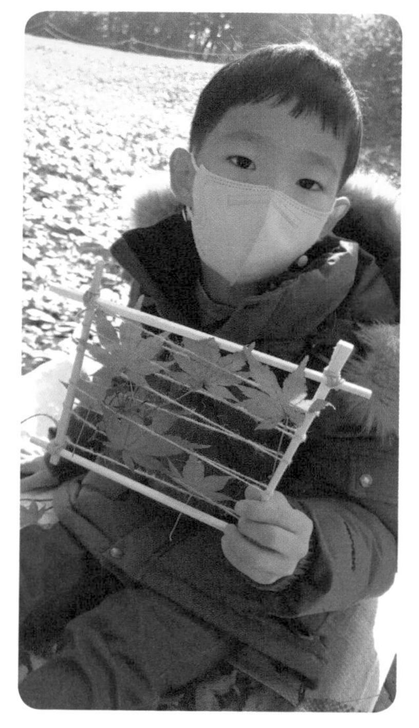

가면 만들기

종　류 : 활동 놀이
개　요 : 커다란 낙엽으로 가면을 만든다.
대　상 : 3~6세
준비물 : 얼굴만 한 나뭇잎

방법

1 각자 얼굴을 가릴 만한 낙엽을 찾아온다.

2 얼굴을 가려보고 적당한 위치에 구멍을 뚫어 눈구멍을 만든다.

3 낙엽 잎자루를 잡고 무도회 가면처럼 들어도 좋지만, 가면의 입 부분에 나뭇가지를 꽂아서 물면 손도 자유롭게 가면 놀이를 할 수 있다.

낙엽 공놀이

종　류 : 활동 놀이
개　요 : 낙엽으로 만든 공을 가지고 논다.
대　상 : 3~8세
준비물 : 양파 망이나 작은 세탁 망

방법

1 양파 망에 낙엽을 가득 넣어 공 모양으로 묶는다.

2 둘러서서 낙엽 공을 주고받거나, 두 줄로 마주 서서 주고받는다.

3 낙엽 공으로 피구를 해도 좋다(고무공보다 탄성이 없어서 어린아이도 공을 두려워하지 않고 받을 수 있다).

큰 투명 공 만들기

종　류 : 활동 놀이
개　요 : 큰 비닐 안 낙엽의 움직임을 느낀다.
대　상 : 3~8세
준비물 : 김장 비닐봉지(큰 것), 고무줄

방법

1 김장 비닐봉지에 낙엽을 적당히 넣고 입구를 묶어서 만든 공을 주고 받는다.

2 두 모둠으로 나눠서 나무 사이에 고무줄을 묶고, 공을 줄 위로 주고 받아도 좋다.

3 공을 나무에 높이 묶어두고 점프해서 쳐도 재미있다.

4 작은 비닐 팩에 낙엽을 담아서 풍선처럼 놀아도 좋다.

낙엽 날리기

종 류 : 활동 놀이

개 요 : 낙엽을 끈에 묶어서 연처럼 날려본다.

대 상 : 3~5세

준비물 : 색 끈(길이 30cm)

방법

1 낙엽을 한 장씩 주워 온다.

2 색 끈으로 잎자루 부분을 묶는다.

3 끈의 끝부분을 잡고 낙엽이 날도록 뛰어본다.

4 나뭇가지에 묶어서 리본처럼 돌리거나 흔들어본다.

5 낙엽 연을 반려동물처럼 산책할 때 데려가도 재미있다.

솔잎 빗자루 만들기

종　류 : 활동 놀이

개　요 : 소나무나 잣나무 잎을 모아 빗자루를 만든다.

대　상 : 3~5세

준비물 : 바늘잎나무 잎, 나뭇가지(길이 20cm), 고무 밴드

방법

1 소나무나 스트로브잣나무 잎을 엄지와 검지로 동그랗게 모을 만큼 줍는다.

2 나뭇가지를 바늘잎나무 잎 사이에 꽂고 고무 밴드로 단단히 묶는다.

3 주변의 낙엽을 쓸어 원하는 모양을 만든다.

4 마녀 빗자루처럼 타고 뛰어본다.

낙엽 방석 만들기

종　류 : 활동 놀이

개　요 : 낙엽을 자루에 담아 푹신하게 만들고 앉거나 누워본다.

대　상 : 3~7세

준비물 : 포대(높이 1m), 줄

방법

1 낙엽이 많이 쌓인 곳에서 걷고 밟으며 충분히 논 다음, 각자 포대에 낙엽을 가득 담는다.

2 포대 입구를 줄로 묶고 낙엽 방석에 앉거나 누워본다.

3 낙엽이 적당히 쌓인 비탈길이 있다면 낙엽 방석에 앉아, 썰매처럼 서로 밀어주거나 당겨주며 타본다.

4 나무에 낙엽 방석을 매달고 주먹으로 치거나 발차기를 해도 좋다.

5 낙엽 방석 멀리 던지기 놀이도 재미있다.

6 방석에 담긴 나뭇잎을 눈처럼 뿌리고 마무리한다(눈과 머리카락 사이에 들어가지 않도록 주의한다).

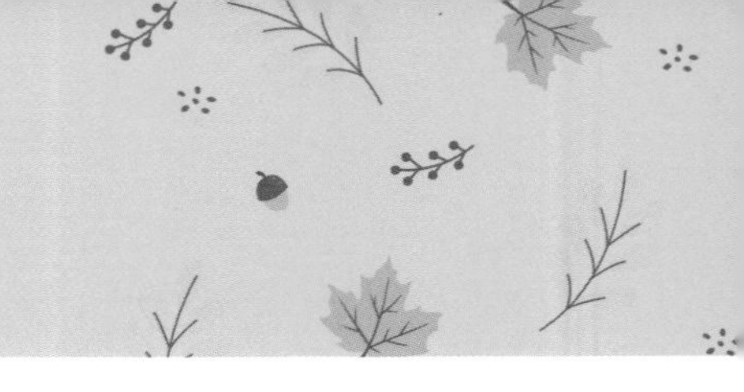

솔잎 겨루기

종　류 : 활동 놀이

개　요 : 솔잎의 개수를 알아보고, 솔잎의 특징을 안다.

대　상 : 3~8세

준비물 : 붙어 있는 바늘잎나무 잎

방법

1 2~3개씩 붙은 솔잎을 주워 온다(다섯 개 붙은 잣나무 잎을 사용해 도 된다).

2 둘이 솔잎을 교차하고 당겨서 끊어지면 진다.

3 소나무 잎은 2~3개씩 붙어 있지만, 스트로브잣나무와 잣나무 잎은 다섯 개씩 붙어 있다. 비슷한 듯 다른 바늘잎을 관찰하고 놀이해본다.

그 외 간단히 할 수 있는 가을 놀이

낙엽 날리기

보자기에 낙엽을 올리고 여럿이 날려본다. 보자기 대신 손으로 움켜잡고 날려도 신난다.

밤껍질 모으기

알밤은 부지런한 청설모나 다람쥐에게 양보하더라도, 밤껍질은 아이들에게 신기한 놀잇감이다. 따가우니 나뭇가지로 잡아보자. 바구니에 모으면 밤껍질 케이크 완성!

낙엽에 표정 만들기

여러 가지 모양 낙엽에 눈 코 입을 붙여 표정을 만들고, 전시해서 주제(가장 귀여운 낙엽, 장난꾸러기 낙엽, 슬퍼 보이는 낙엽, 무서운 낙엽 등)에 맞는 작품을 골라본다.

낙엽 산 만들기

낙엽을 모아 산처럼 쌓은 다음, 보자기를 놓고 누워보고 점프도 해본다.

핼러윈 꾸미기

호박 가면을 만들고, 나무를 모아 마녀의 집도 꾸며본다.

낙엽 모닥불 꾸미기

캠핑해본 아이들이 나뭇가지를 모아서 모닥불을 만들더니, 불을 피울 수 없다며 빨간 단풍잎을 모아 나무 사이에 끼웠다.

낙엽으로 꾸미기

미세 먼지가 심한 날은 실내에서 낙엽으로 다양한 생물을 표현할 수 있다. 동물도 좋고, 상상 속 생명체도 좋다. 낙엽을 새로운 생물로 만들어보자. 다양한 새로 꾸며도 멋지다.

단풍 색 분류

단풍 색이 몇 가지나 될지 단풍잎을 모아서 분류해본다. 색상환을 사용해도 좋고, 색종이로 비슷한 색을 찾아 분류해도 재미있다. 생각보다 다양한 색에 놀랄 것이다.

{ 5장 }

겨울 숲놀이

12월
주제

나무의 겨울나기

나무는 추운 겨울을 어떻게 날까요? 잎을 떨어뜨리는 것 말고도 나무가 추운 겨울을 견디는 방법은 여러 가지가 있어요. 이듬해 꽃이나 잎이 될 겨울눈을 보호하기 위해 털이나 비늘을 만들고, 나무껍질을 두껍게 만들어요. 나뭇진 농도를 진하게 해서 어는점을 낮추기도 합니다. 단풍나무 종류는 껍질이 얇아, 겨울에 얼지 않도록 세포 내 물의 농도를 낮추고 나뭇진 성분(당분, 무기질)을 진하게 만들어요. 자작나무처럼 끈적끈적한 지질을 만들어 추위를 견디기도 합니다. 식물은 물을 세포와 세포 사이로 이동시키는데, 나무에는 세포벽이 있어서 물이 얼어도 세포가 파괴되지 않아요. 나무가 겨울을 지내는 전략이 참 지혜롭지요?

늘푸른나무인 소나무는 잎을 모두 떨구지 않고도 추위를 이겨낼 수 있어요. 바늘잎나무는 잎이 가늘어 수분 손실이 적고, 잎의 당도를 높여 추위를 견디는 힘을 키웠기 때문이에요. 사철나무는 잎이 두껍고 딱딱하며 반질반질한 큐티클이 발달해 수분을 보호해서 잎을 떨어뜨리지 않고도 겨울을 지낼 수 있어요.

나무는 겨울눈이 얼지 않도록 털이나 비늘 조각(아린), 지질을 만들어 겨울눈을 보호합니다. 털옷이나 가죽옷이 몸에서 열이 빠져나가는 것을 막아주는 원리와 같아요. 목련의 겨울눈은 솜털로, 떡갈나무와 벚나무의 겨울눈은 두꺼운 비늘로, 오리나무의 겨울눈은 끈끈한 액으로 감싸 보호해요. 앙상한 나무에서 겨울눈이 어떤 옷을 입고 있는지 찾아보는 것이 겨울 숲 놀이입니다.

목련 겨울눈 관찰하기

종　류 : 관찰 놀이
개　요 : 목련의 겨울눈을 관찰하고, 겨울눈 껍질로 놀이한다.
대　상 : 4~7세
준비물 : 목련 겨울눈 껍질

방법

1 목련 아래 떨어진 겨울눈 껍질을 찾아본다.

2 겨울눈도 자라서 껍질을 벗고 새로 만든다는 이야기를 해준다.

3 겨울눈 껍질을 만져보고 손가락에 끼워 놀이한다(동물의 발톱, 털모자 쓴 얼굴).

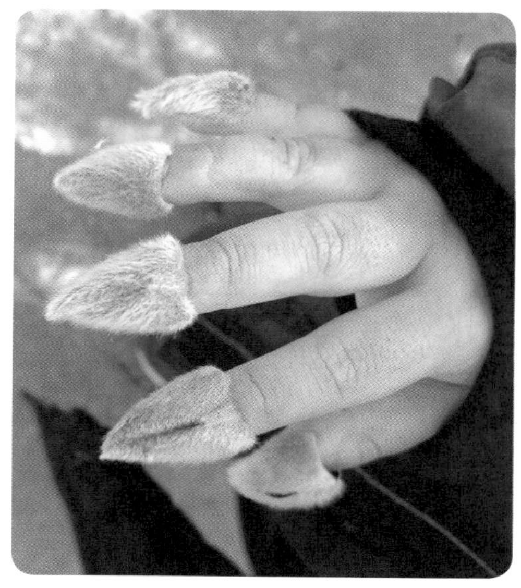

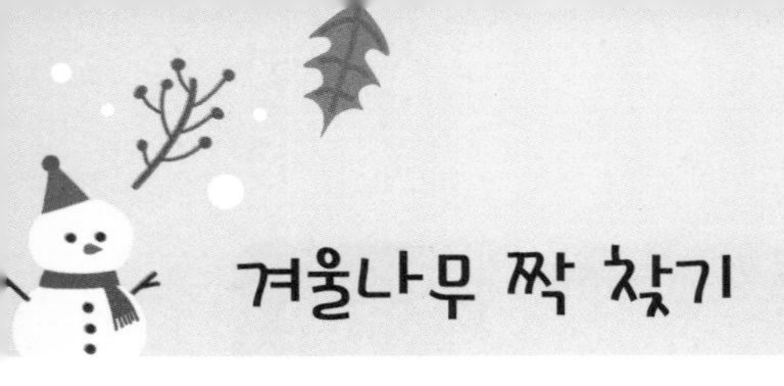

겨울나무 짝 찾기

종　류 : 관찰 놀이
개　요 : 나뭇잎과 꽃, 열매가 없는 나뭇가지의 겨울눈을 관찰하고 분류한다.
대　상 : 4~7세
준비물 : 루페, 겨울눈이 있는 나뭇가지(5쌍 이상)

방법

1 나뭇잎과 꽃, 열매가 없는 나뭇가지와 겨울눈을 루페로 관찰한다.

2 나뭇가지 색과 껍질의 질감이 다양함을 알 수 있다.

3 겨울눈이 달린 나뭇가지를 두 개씩 다섯 쌍 이상 준비해 섞어놓고 같은 나뭇가지를 찾아본다.

4 나뭇가지를 하나씩 골라서 그린다.

5 실내에서 겨울눈 도감을 만들고, 겨울눈을 그려도 좋다. 내가 그린 겨울눈에서 어떤 잎과 꽃이 나올지 상상해본다.

6 같은 나뭇가지 두 개 중 하나를 3등분하고 같은 가지끼리 연결하는 방법으로 나뭇가지 퍼즐을 해본다.

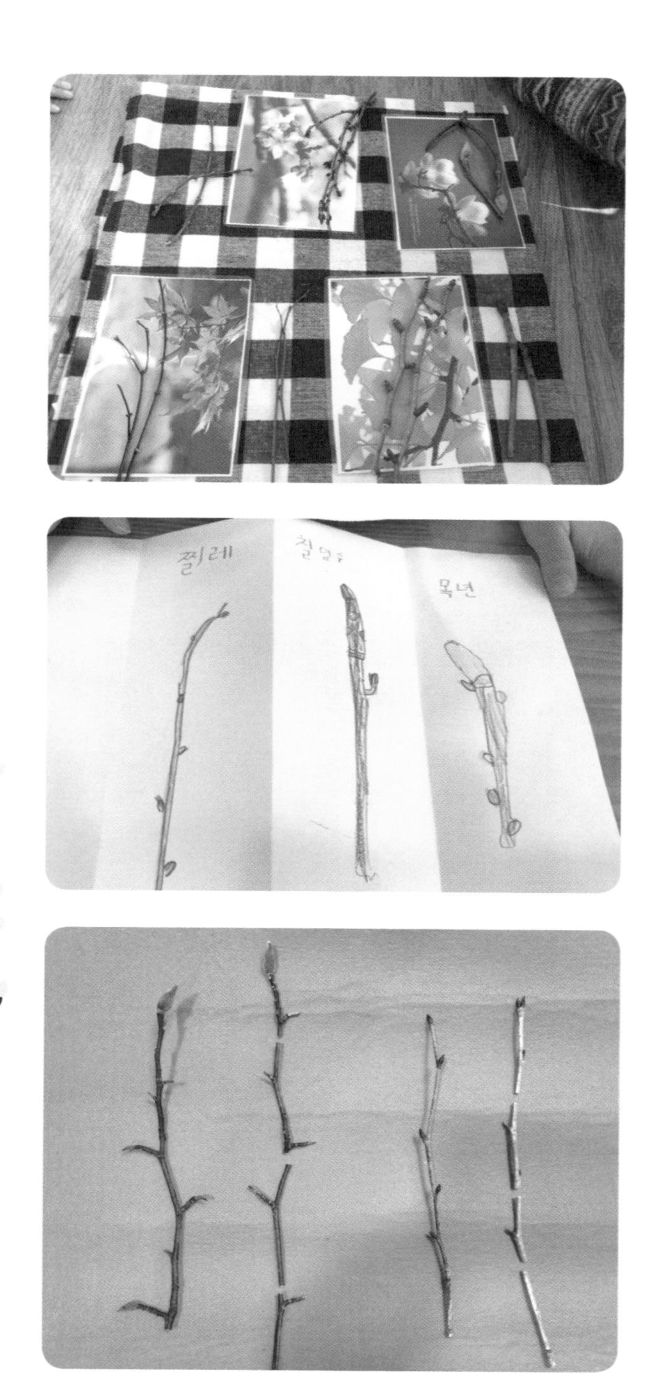
찔레
칠엽수
목련

나무의 부분 찾기

종　류 : 관찰 놀이
개　요 : 나무에서 떨어진 가지, 열매, 잎, 껍질 등으로 어떤 나무인지 알아본다.
대　상 : 4~7세
준비물 : 면 보자기, 숲 놀이 사진이나 주변 나무의 봄·여름·가을 사진

방법

1 숲 놀이 장소 주변을 다니며 나무에서 떨어졌다고 생각하는 자연물을 모은다.

2 같은 나무에서 떨어진 것끼리 모아서 분류한다.

3 모둠이 한 나무를 정하고, 그 나무에서 떨어진 것으로 면 보자기에 나무를 꾸며본다.

4 어떤 나무인지 알아보고, 그 나무의 봄·여름·가을 모습을 회상해본다(숲 놀이 사진이나 주변 나무의 봄·여름·가을 사진을 준비하면 좋다).

겨울나무 되어보기

종 류 : 활동 놀이

개 요 : 나무가 겨울에 왜 나뭇잎을 떨어뜨리는지 알아보고,
겨울나무처럼 놀이한다.

대 상 : 4~7세

준비물 : 종이테이프

방법

1 겨울에 나뭇잎이 왜 떨어지는지 이야기한다.

2 나무가 되어 나뭇잎을 손으로 들고 있다가(나무처럼 포즈를 취한다), 선생님이 "겨울이 왔어요"라고 하면 나뭇잎을 던지고 겨울나무처럼 포즈를 취한다.

3 아이들 콧등에 종이테이프로 나뭇잎을 한 장씩 붙여준다.

4 선생님이 "겨울이 왔어요"라고 하면 손대지 않고 얼굴을 흔들거나 입으로 바람을 불어서 콧등의 나뭇잎을 떨어뜨린다.

겨울눈 되어보기

종　류 : 활동 놀이
개　요 : 봄이 되면 겨울눈에서 가지와 잎, 꽃이 나온다는 것을 안다.
대　상 : 4~7세
준비물 : 밧줄, 가지·잎·꽃 이름표

방법

1 봄이 되면 겨울눈에서 가지와 잎, 꽃이 나오는 것을 이야기해준다.

2 바닥에 아이들 반수가 들어갈 만한 원을 밧줄로 만들고, 겨울눈이라고 알려준다.

3 가지 모둠, 잎 모둠, 꽃 모둠으로 나누고 각자 이름표를 달아준다.

4 다 같이 겨울눈 둘레에 손잡고 선다.

5 노래를 부르며 돌다가 선생님이 "꽃눈이 되어보세요"라고 외치면 꽃 모둠이 겨울눈으로 들어간다. "봄이 되었어요"라고 하면 겨울눈에 들어간 아이들은 꽃이 피는 것처럼 표현하며 밖으로 나와 제자리로 돌아간다.

6 같은 방법으로 가지 모둠, 잎 모둠, 꽃 모둠이 겨울눈에 들어가게 진행한다.

7 7세 이상 아이들은 짝짓기처럼 "꽃눈 둘, 잎눈 셋이 되어보세요"라고 숫자를 바꾸거나 혼합해서 불러도 좋다.

JOYFUL

나무껍질로 꾸미기

종　류 : 미술 놀이

개　요 : 떨어진 나무껍질을 모아 다양한 모양으로 꾸며본다.

대　상 : 4~7세

준비물 : 면 보자기, 나무껍질 부분을 오려낸 카드

방법

1 나무껍질은 동물의 피부와 같다. 나무껍질은 두 겹으로 안쪽 껍질 수명이 다 되면 밖으로 밀려 나와서 겉껍질이 되어 벗겨지기도 한다.

2 나무껍질 부분을 오려낸 카드를 나무줄기에 대고 비교한다.

3 땅에 떨어진 나무껍질을 주워 어느 부분에서 떨어졌는지 퍼즐처럼 나무에 맞춰본다(양버즘나무 껍질은 벗겨진 부분이 하얗게 보여 찾기 쉽다).

4 나무껍질이 많이 떨어진 숲이라면 함께 모아서 면 보자기에 놓고 모양을 만들어도 좋다.

5 아이들과 모양을 정하고 나무껍질로 채우며 완성한다.

나무껍질
아까시나무

가는 나뭇가지 놀이

종　류 : 관찰 놀이, 활동 놀이
개　요 : 나뭇가지로 다양한 놀이를 한다.
대　상 : 4~7세
준비물 : 다양한 나뭇가지, 전지가위, 나무망치

리듬 막대 놀이

1 전지가위로 나뭇가지를 30cm 길이로 잘라서 한 사람에 두 개씩 준비한다(나뭇가지는 아이들이 찾고 선생님이 전지가위로 잘라준다).

2 나뭇가지 두 개를 들고 두드릴 수 있는 자연물을 찾아, 어떤 소리가 나는지 들어본다.

3 각자 좋은 소리가 나는 자연물을 선생님의 박자에 맞춰 두드린다.

4 각자 나뭇가지 두 개를 들고 서로 두드리며 "내 거 내 거"(두 박자)라고 하고, 자연물을 두드리며 "숲 거 숲 거"(두 박자)라고 한다. 선생님이 적당히 리듬에 맞춰 소리 내준다.

나무 집 만들기

1 캠핑해본 적이 있는지 이야기 나누고, 텐트 대신 나무 집을 만들자고 한다.

2 나뭇가지를 모아서 함께 묶거나 세워서 집 모양을 만든다.

3 어린아이들은 작은 나뭇가지를 이용해 울타리나 인디언 텐트 모양으로 만든다(나무망치를 사용하면 좋다).

나뭇가지 중심 잡기

1 나뭇가지 하나에 다른 나뭇가지를 올려서 중심을 잡아본다.

2 나뭇가지에 가로로 올려서 중심 잡기가 어려우면 손가락이나 팔에 나무를 올려 중심 잡는 놀이를 해본다.

3 줄을 이용하거나 여러 가지 방법으로 나뭇가지를 떨어뜨리지 않도록 한다.

나뭇가지 검도

1 나뭇가지를 검처럼 허리에 차고 마주 서서 서로 인사한다. 검(나뭇가지)을 서로 엇갈리게 마주친다.

2 "하나 둘 셋" 구령에 따라 큰 소리를 내며 상대의 나뭇가지를 눌러 아래로 향하게 하면 이긴다(숲에서 나뭇가지 칼싸움은 아이들이 좋아하는 놀이지만 위험하다고 못하게 하는 경우가 많다. 검도처럼 시작하기 전에 인사부터 규칙을 알려주고, 대련하듯이 심판과 응원하는 친구들도 있으면 안전하게 놀이할 수 있다).

나뭇가지로 꾸미기

나뭇가지로 이름이나 여러 가지 모양을 꾸민다.

산가지 놀이

1 나뭇가지를 여러 개 모아서 던지고 순서대로 하나씩 가져온다.

2 다른 나뭇가지를 건드리면 가져갈 수 없다.

손가락으로 나뭇가지 나르기

1 양손 손가락 하나씩 이용해서 나뭇가지를 나른다.

2 손가락 두 개, 세 개씩 도전한다.

지팡이 잡기 놀이

1 허리 높이 정도 되는 나뭇가지 한 개를 준비한다.

2 다 같이 둘러서게 하고 선생님이 나뭇가지를 세워 잡고 가운데 선다.

3 선생님이 한 아이 이름을 부르며 나뭇가지를 놓으면 그 아이가 잡는다. 나뭇가지가 넘어지기 전에 잡아야 한다.

굵은 나무토막 놀이

종 류 : 활동 놀이

개 요 : 굵은 나무토막으로 다양한 놀이를 한다.

대 상 : 5~8세

준비물 : 굵은 나무, 톱

방법

1 쓰러진 나무 가운데 적당히 굵은 나무를 찾아서 톱으로 잘라 준비하거나, 아이들과 직접 자른다(톱이나 위험한 도구를 사용할 때 어떻게 해야 하는지 알려주고, 한 명씩 천천히 시도한다).

2 모둠으로 나눠 높이 쌓기, 튼튼하게 쌓기 등 다양한 방법으로 나무토막을 쌓고, 자연물과 어우러지게 해본다.

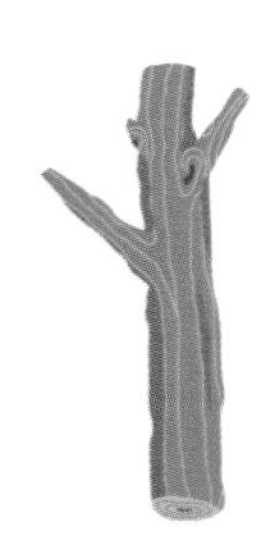

나무 비눗방울 놀이

종　류 : 관찰 놀이, 활동 놀이

개　요 : 나무에 물관과 체관이 있음을 알아본다.

대　상 : 4~7세

준비물 : 나뭇가지나 나무판자, 비눗방울용 비눗물, 색연필

방법

1 나무가 자라는 데 필요한 물과 영양분이 이동하려면 물관과 체관이 필요하다는 이야기를 해준다.

2 나뭇가지나 나무판자에 비눗물을 묻히고 불어본다(나뭇가지는 빨대처럼 불면 되지만, 나무판자는 비눗물을 바르고 뒷면에 입을 바짝 대고 불어야 거품이 나온다).

3 거품이 나오는 것을 보고 나무에 보이지 않는 구멍으로 물과 영양분을 보내주는 것을 알 수 있다.

4 거품 불기를 한 나무판자에 색연필로 그림을 그리고 색칠한 다음, 돌멩이로 조각내서 퍼즐로 활용한다.

자연물로 크리스마스 장식 꾸미기

종　류 : 마술 놀이

개　요 : 솔방울로 크리스마스 장식을 만들어본다.

대　상 : 4~7세

준비물 : 솔방울, 미니 화분, 트리 장식, 모루 철사, 솜

방법

1 솔방울 틈에 솜과 트리 장식, 모루 철사를 끼운다.

2 미니 화분에 꽂아서 미니 크리스마스트리를 만든다.

1월
주제

동물의 겨울나기

동물은 겨울을 어떻게 보낼까요? 겨울잠을 자는 동물이 있어요.

- 너구리는 유일하게 겨울잠을 자는 개과 동물이에요. 이끼와 마른 풀을 긁어모아 잠잘 곳을 마련하고, 11월부터 이듬해 3월 초순까지 겨울잠을 자요.
- 개구리는 몸의 기능을 멈춘 상태로 겨울잠을 자요. 개구리 몸에는 피브리노겐이 있어서 얼지 않아요.
- 오소리는 11월부터 이듬해 3월 초순까지 겨울잠을 자요. 자기 전에 많이 먹어 몸에 지방을 최대한 축적하고, 때때로 겨울잠을 자는 중간에 깨서 먹이를 먹기도 합니다.
- 고슴도치는 10월부터 이듬해 4월까지 동굴이나 나무 구멍, 땅속에서 겨울잠을 자요. 체온은 1~2℃ 내려가고, 심장박동은 1분에 350번에서 3번 정도로 크게 줄어든다고 합니다.
- 곰은 나무나 바위로 된 구덩이에서 겨울잠을 자요. 얕은 잠을 자며 가을에 저장한 지방으로 버티고, 중간중간 일어나서 배설하거나 먹이를

먹기도 합니다. 먹이가 부족한 겨울에 덜 움직여 에너지 소모를 줄이기 위해서일 뿐, 겨우내 잠만 자는 것은 아니에요.

- 뱀은 온도 변화가 적은 땅속에서 겨울잠을 잡니다. 땅속, 돌이나 쓰러진 나무 밑 등을 이용해 체온이 내려가는 것을 막아요.
- 다람쥐는 도토리나 밤 등 양식을 땅에 묻어두고, 심장박동을 최대한 줄인 채 겨울잠을 잡니다. 추울 땐 자고 따뜻해지면 깨어나 음식을 먹는 과정을 반복하면서 겨울을 보내요.

곤충은 어떻게 겨울을 날까요? 사람도 너무 춥거나 더우면 활동하기 어렵듯이 곤충도 마찬가지예요. 곤충은 알, 애벌레, 번데기, 어른벌레 중 하나를 선택해서 겨울을 납니다. 예를 들어 모시나비는 알로, 은판나비는 애벌레로, 거꾸로여덟팔나비는 번데기로, 청띠신선나비와 무당벌레는 어른벌레로 겨울을 납니다.

지혜롭게 겨울을 나는 자연을 관찰하러 숲으로 가볼까요?

겨울잠을 준비한 곰 되어보기

종　류 : 활동 놀이
개　요 : 곰이 겨울잠 잘 준비를 어떻게 하는지 알아본다.
대　상 : 4~7세
준비물 : 물고기 인형, 물고기 카드, 면 보자기

도입

"덩치가 큰 곰은 겨울잠을 자기 전에 많이 먹어서 배에 지방을 저장해야 얼어 죽지 않아요. 배가 얼마나 나와야 얼어 죽지 않고 잘 수 있을까요? 곰은 평소 오르던 나무에 올라가기 어려울 만큼 배가 나오면 겨울잠 자러 가도 된대요."

방법

1 곰이 겨울잠 자기 전에 얼마나 많이 먹어야 할지 이야기하고, 곰처럼 물고기를 잡아보자고 한다.

2 다 같이 둘러서서 원 안이 강이라고 말한다.

3 선생님이 원 안에 물고기 인형을 들고 서고, 곰이 될 아이 한 명이 그 앞에 선다.

4 선생님이 물고기 인형을 던지면 아이가 손으로 쳐서 원 밖으로 내보낸다.

5 물고기 인형을 원 밖으로 내보낸 아이는 물고기 카드 한 장을 받는다.

6 물고기 인형이 원 안에 떨어지면 물고기 카드를 받지 못한다.

7 물고기 카드 세 장을 받은 아이는 겨울잠 자러 갈 수 있다(나무 하나를 정해 매달릴 수 있으면 놀이를 더 하고, 매달릴 수 없으면 겨울잠을 자러 가도 된다).

8 겨울잠 자는 아이는 면 보자기에 앉아 쉰다.

동물들이 겨울잠을 잡니다

종　류 : 활동 놀이

개　요 : '무궁화 꽃이 피었습니다' 놀이를 응용한다.

대　상 : 4~7세

준비물 : 없음

방법

1 겨울잠을 자는 동물이 자는 모습을 정한다(곰 : 머리 위로 동그라미 / 다람쥐 : 얼굴을 꽃처럼 감싼다 / 뱀 : 팔과 다리를 꼰다 / 개구리 : 개구리처럼 앉는다).

2 술래를 정하고 나머지 아이들은 출발선에 선다.

3 '무궁화 꽃이 피었습니다' 놀이처럼 술래가 "동물들이 겨울잠을 잡니다. 개구리!" 하고 돌아보면 개구리가 자는 모습으로 멈춘다.

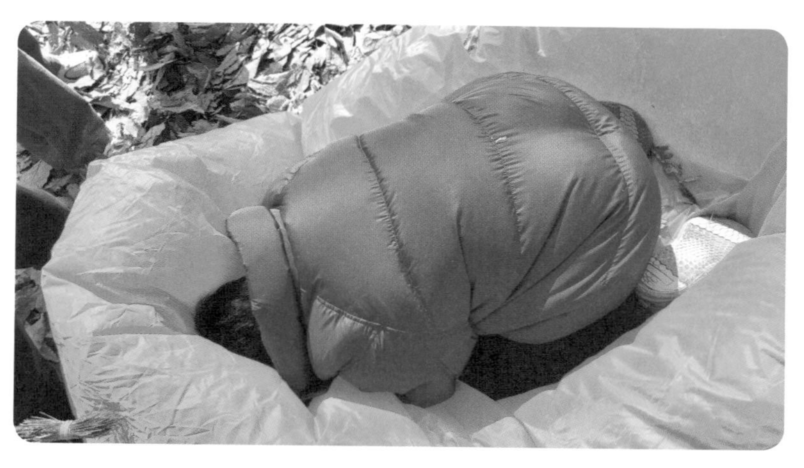

눈 위에 동물 발자국 찍기

종　류 : 활동 놀이
개　요 : 눈 위에 동물들의 발자국 모양을 만들어본다.
대　상 : 4~7세
준비물 : 동물 발자국 그림

도입

"겨울잠을 자지 않는 동물은 겨울에 먹이를 찾아다니기 때문에, 숲이 얼었다 녹으면 발자국이 잘 보여요. 눈이 오면 그 위에 발자국이 찍히고요. 우리도 동물 발자국을 찾아볼까요?"

방법

1 눈 위에 찍힌 발자국을 비교한다.
2 신발 밑창 무늬가 다르듯, 동물도 발자국이 다르게 찍히는 것을 그림을 보고 설명한다.
3 주변의 자연물이나 신체를 이용해서 눈 위에 동물 발자국을 만들어본다.
4 어느 동물 발자국인지 맞혀본다. 아이들 발자국을 찍어 비교하며 찾아도 재미있다.

눈으로 빙수 만들기

종　류 : 활동 놀이

개　요 : 눈으로 빙수를 만든다.

대　상 : 4~7세

준비물 : 음식이나 빙수 포장 용기, 물약 병에 담은 물감

방법

1 음식이나 빙수 포장 용기에 눈을 가득 담고 자연물로 꾸민 다음, 물감을 과일 시럽처럼 떨어뜨린다.

2 물약 병에 담은 물감으로 눈에 그림을 그려도 좋다(물감은 너무 진하지 않게 준비한다).

3 눈이 없다면 주변의 얼음을 나뭇가지나 자연물로 긁어서 가루를 만들어 사용한다.

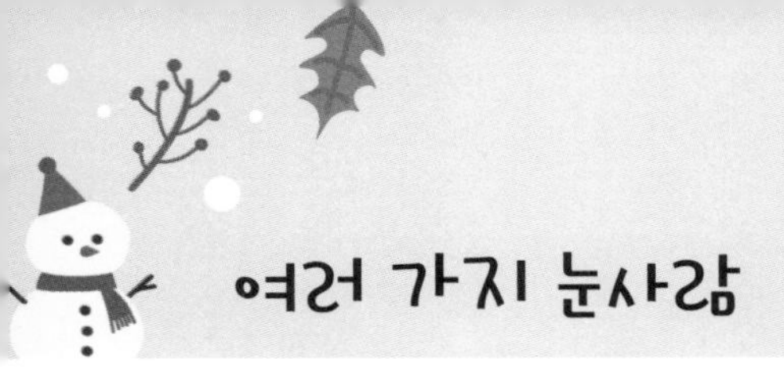

여러 가지 눈사람

종　류 : 활동 놀이
개　요 : 눈을 동그랗게 찍어서 눈사람을 만든다.
대　상 : 4~7세
준비물 : 투명한 에그 셰이커나 동그란 틀, 눈·코·입 스티커, 털실

방법

1 동그란 틀에 눈을 넣고 흔들어서 찍어낸다.

2 알 모양 눈덩이에 눈·코·입 스티커를 붙인다.

3 털실로 모자를 만들어 씌운다.

4 나무에 눈을 붙이고 자연물로 꾸며도 좋다.

5 눈 위에 눕거나 나뭇가지를 흔들어 눈을 날려도 신난다.

6 뭉친 눈을 던져 주먹이나 발로 차고 놀아도 재미있다.

2월
주제

새

새는 사계절 볼 수 있지만, 나뭇잎이 무성한 봄부터 가을까지 관찰하기 어려워요. 더욱이 새는 청각이 예민해서 작은 발소리에도 날아가기 때문에 숲 놀이 중에 관찰하기는 쉽지 않지만, 공원이나 등산로 주변에 있는 새는 겨울이 되면 먹을 게 부족해서 사람 가까이 오기도 합니다.

아이들과 관찰할 때는 새가 놀라서 갑자기 날갯짓하다가 다칠 수도 있으니 주의해야 해요. 일부러 먹이를 주고 새가 모이도록 해서 관찰하는 방법은 좋지 않아요. 나뭇잎이 없는 겨울 숲에서 새가 어떤 소리를 내고, 어떻게 날고 앉고 걷는지 살펴봐요.

새는 계절이 바뀌어도 사는 곳을 옮기지 않는 텃새와 계절에 따라 사는 곳을 옮기는 철새가 있어요. 텃새는 철새보다 관찰하기 쉬워요. 우리나라에서 주로 보는 텃새는 참새, 까치, 까마귀, 멧비둘기(비둘기) 등이 있어요. 많은 사람이 철새로 알고 있는 종다리는 텃새고, 때까치와 원앙, 흰뺨검둥오리도 텃새입니다. 텃새 중에 떠돌이새도 있어요. 겨울에 산 아래 내려와 살다가 여름에는 산으로 올라가는 딱따구리, 동박새, 부엉

이 등이죠.

우리나라는 계절의 변화가 뚜렷해 다양한 철새를 볼 수 있어요. 철새는 겨울새와 여름새가 있어요. 겨울새는 시베리아 지역에서 번식하고 겨울이면 덜 추운 우리나라에 와서 지냅니다. 독수리, 큰기러기, 재갈매기, 청머리오리, 흑두루미, 검은머리갈매기, 황새, 검은머리물떼새, 청둥오리, 고방오리 등이에요. 여름새는 봄에 우리나라에서 번식하고 추워지면 남쪽으로 날아갑니다. 왜가리, 할미새사촌, 개개비, 되지빠귀, 파랑새, 솔부엉이 등이지요. 기후변화로 텃새가 되는 철새도 있어요.

새 걸음과 새소리 흉내 내기

종　류 : 활동 놀이

개　요 : 땅에 내려앉은 새를 관찰한다.

대　상 : 4~7세

준비물 : 없음

방법

1 새가 걷는 모습을 관찰하고 흉내 내본다.

2 참새는 두 발을 붙이고 폴짝폴짝 뛰며 걷는다.

3 비둘기는 사람처럼 한 발 한 발 걷는다.

4 까치는 한 발씩 걷다가 두 발로 뛰며 걷는다.

새가 되어 나뭇가지 옮기기

종　류 : 활동 놀이

개　요 : 새가 둥지를 어디에, 어떻게 짓는지 알아본다.

대　상 : 4~7세

준비물 : 전지가위, 나뭇가지, 나뭇잎

방법

1 나무에 있는 둥지를 찾아본다.

2 까치가 둥지를 지으려면 나뭇가지가 2000개 이상 필요하다고 이야기한다.

3 아이들이 나뭇가지를 주워 오면 전지가위를 이용해 10~15cm 길이로 자른다.

4 새가 나뭇가지를 부리로 옮기는 것처럼, 아이들은 양손 검지로 옮겨야 한다.

5 둘이 짝이 되어 엄마 새와 아빠 새를 정한 다음, 아빠 새는 나뭇가지를 나르고 엄마 새는 둥지를 만든다(엄마 새와 아빠 새의 역할을 바꿔도 된다).

6 둥지가 완성되면 나뭇잎을 깔고 알을 낳을 수 있도록 만든다.

7 둥지에 알을 대신할 자연물을 놓고, 새는 알을 낳기 위해 둥지를 만든다는 것을 이야기한다.

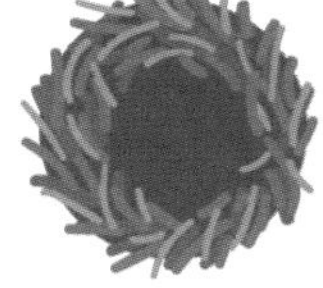

황새와 뱁새 놀이

종　류 : 활동 놀이
개　요 : 황새와 뱁새의 특징을 알고 놀이한다.
대　상 : 5~9세
준비물 : 없음

도입

"'뱁새가 황새를 따라가면 다리가 찢어진다'는 속담을 들어봤어요? 무슨 뜻일까요? 뱁새는 아주 작고, 황새는 커다란 새입니다. 그럼 다리 길이도 다르겠죠? 뱁새와 황새 놀이를 해볼게요."

방법

1 두 명이 짝지어 각자 두 발을 앞뒤로 놓고, 짝과 앞발이 닿게 마주 선다.

2 가위바위보 해서 이긴 사람은 앞발을 뒤로 한 발 옮기고, 진 사람은 짝의 앞코에 닿도록 앞발을 벌린다.

3 가위바위보를 반복해서 규칙대로 발을 옮긴다. 이길수록 발을 덜 벌리고 질수록 발을 더 벌려, 발을 더 벌릴 수 없으면 놀이가 끝난다.

열두 달 숲 놀이

펴낸날 2023년 4월 14일 초판 1쇄
2023년 6월 16일 초판 2쇄
지은이 윤소영
만들어 펴낸이 정우진 강진영 김지영
꾸민이 Moon&Park(dacida@hanmail.net)
펴낸곳 04091 서울시 마포구 토정로 222 한국출판콘텐츠센터 420호
편집부 (02) 3272-8863
영업부 (02) 3272-8865
팩 스 (02) 717-7725
이메일 bullsbook@hanmail.net / bullsbook@naver.com
등 록 제22-243호(2000년 9월 18일)
ISBN 979-11-86821-84-8 (03480)

황소걸음
Slow&Steady